Domoina Ratovoson

Propriétés thermomécaniques de la peau et de son environnement direct

AF190479

Domoina Ratovoson

Propriétés thermomécaniques de la peau et de son environnement direct

Approche numérique 3D multicouche du comportement thermomécanique de la peau validée par des résultats expérimentaux

Presses Académiques Francophones

Impressum / Mentions légales
Bibliografische Information der Deutschen Nationalbibliothek: Die Deutsche Nationalbibliothek verzeichnet diese Publikation in der Deutschen Nationalbibliografie; detaillierte bibliografische Daten sind im Internet über http://dnb.d-nb.de abrufbar.
Alle in diesem Buch genannten Marken und Produktnamen unterliegen warenzeichen-, marken- oder patentrechtlichem Schutz bzw. sind Warenzeichen oder eingetragene Warenzeichen der jeweiligen Inhaber. Die Wiedergabe von Marken, Produktnamen, Gebrauchsnamen, Handelsnamen, Warenbezeichnungen u.s.w. in diesem Werk berechtigt auch ohne besondere Kennzeichnung nicht zu der Annahme, dass solche Namen im Sinne der Warenzeichen- und Markenschutzgesetzgebung als frei zu betrachten wären und daher von jedermann benutzt werden dürften.

Information bibliographique publiée par la Deutsche Nationalbibliothek: La Deutsche Nationalbibliothek inscrit cette publication à la Deutsche Nationalbibliografie; des données bibliographiques détaillées sont disponibles sur internet à l'adresse http://dnb.d-nb.de.
Toutes marques et noms de produits mentionnés dans ce livre demeurent sous la protection des marques, des marques déposées et des brevets, et sont des marques ou des marques déposées de leurs détenteurs respectifs. L'utilisation des marques, noms de produits, noms communs, noms commerciaux, descriptions de produits, etc, même sans qu'ils soient mentionnés de façon particulière dans ce livre ne signifie en aucune façon que ces noms peuvent être utilisés sans restriction à l'égard de la législation pour la protection des marques et des marques déposées et pourraient donc être utilisés par quiconque.

Coverbild / Photo de couverture: www.ingimage.com

Verlag / Editeur:
Presses Académiques Francophones
ist ein Imprint der / est une marque déposée de
OmniScriptum GmbH & Co. KG
Heinrich-Böcking-Str. 6-8, 66121 Saarbrücken, Deutschland / Allemagne
Email: info@presses-academiques.com

Herstellung: siehe letzte Seite /
Impression: voir la dernière page
ISBN: 978-3-8381-4274-6

Copyright / Droit d'auteur © 2014 OmniScriptum GmbH & Co. KG
Alle Rechte vorbehalten. / Tous droits réservés. Saarbrücken 2014

À la mémoire de mon fils, **Zoto**.

TABLE DES MATIÈRES

TABLE DES FIGURES

LISTE DES TABLEAUX

xiii

NOMENCLATURE

a	rayon	[m]
A	aire	[m^2]
B	constante de Boltzmann	[J.K^{-1}]
C	chaleur spécifique	[J.kg^{-1}.^{o}C^{-1}]
C$_b$	chaleur spécifique du sang	
C$_p$	chaleur spécifique à la pression constante	
C$_s$	chaleur spécifique du solide	
dQ$_{bs}$	gain de chaleur du sous-volume du sang	[W.m^{-3}]
dQ$_{kb}$	contribution conductrice	
dQ$_{ks}$	puissance transférée par conduction	
dQ$_{met}$	puissance métabolique	
dS	élément de surface	
dV$_b$	élément de volume du sang	
dV$_s$	élément de volume de la phase solide	
e	épaisseur	[m]
E	énergie d'activation de la peau	[J.mol^{-1}]
f	fonction d'une particule en mouvement	
$\underline{f}$	densité volumique des forces extérieures	
$\underline{\overline{F}}$	densité surfacique	
F$_i$	force de volume	[N]
g	saignement de perfusion par unité de surface	[s^{-1}.m^{-2}]
G$_d$	valeur négative de δE	
h	coefficient de convection	[W.m^{-2}.K^{-1}]
H	constante de Stefan-Boltzmann	[5,67.10^{-8} W.m^{-2}.K^{-4}]
h_b	enthalpie spécifique du sang	[J]
i, j	incréments d'espace	
k	conductivité thermique	[W.m^{-1}.^{o}C^{-1}]
k_b	conductivité du sang	
k_{eff}	conductivité thermique effective	
k_f	conductivité thermique du fluide	

$d\omega$	mesure quantitative du dommage de brûlure	
$d\omega_c$	taux d'endommagent cellulaire	
δ	épaisseur du tissu	[mm]
ΔE	énergie d'activation de la peau	$[\text{J.mol}^{-1}]$
ΔG	énergie libre de Gibbs	
ΔH	énergie d'inactivation moléculaire	
ΔH_f	enthalpie de la réaction métabolique	$[\text{J.mol}^{-1}]$
δ_{ij}	symbole de Kronecker	
δQ	transfert de chaleur	
Δs	entropie d'inactivation	$[\text{J.K}^{-1}.mol^{-1}]$
δt	pas de temps	
δV_b	volume différentiel du sang	$[\text{mm}^3]$
δV_s	volume différentiel de la phase solide	
δW	travail	[J]
δx	pas d'espace	
ϵ_s	porosité due à la phase solide	
$\underline{\underline{\epsilon}}(\underline{x}, t)$	composantes du tenseur des vitesses de déformation	
$\overline{\overline{k}}\nabla\text{T}$	conductivité de la chaleur	$[\text{W.m}^{-3}]$
λ	coefficient de viscosité	
$\text{L}_\lambda(\theta, \varphi, \text{T})$	luminance du flux	
μ	viscosité du fluide	[Pa.s]
$\nu = \frac{\mu}{\rho_o}$	viscosité cinématique du fluide	
ω	taux de la perfusion	$[\text{s}^{-1}]$
ω'_{ch}	densité volumique de sources de chaleur	$[\text{Kg.m}^{-3}]$
ϕ	mesure de réaction	
Φ_{th}	dissipation thermique	[J]
Φ_x	flux de chaleur	$[\text{W.m}^{-2}]$
Ψ	énergie libre spécifique	$[\text{J.mol}^{-1}]$
ρ	masse volumique	$[\text{kg.m}^{-3}]$
ρ_b	densité du sang	
$\rho\text{C}\frac{\partial\text{T}}{\partial t}$	stockage d'énergie	$[\text{W.m}^{-3}]$
ρ_s	densité du solide	
Σ	domaine de l'espace $\mathbb{R}^3$	
$\text{L}_\lambda^{\text{CN}}(\text{T})$	luminance d'un corps noir	
τ	contrainte visqueuse	[Pa]
τ_{ij}	contraintes tangentielles	
φ	flux de chaleur transmis par convection	$[\text{W.m}^{-2}]$
$\wp$	constante de Planck	
$\text{C}_b\rho_b\text{W}(\text{T}_a - \text{T}_t)$	transport de chaleur par perfusion	$[\text{W.m}^{-3}]$

σ_f	facteur de forme géométrique	
σ_{ij}	tenseur des contraintes	[Pa]
$\wp$	vitesse de la lumière dans le vide (corps noir)	[m.s^{-1}]
Ω	taux d'endommagement tissulaire	
ξ	facteur de fréquence	[s^{-1}]
$w(\rho C)_b(T_a - T_v)$	transport de chaleur par perfusion	(W.m^{-3})
$d\Omega_c$	taux d'endommagement cellulaire	

Indices

a	artère
b	sang
c	intérieur du corps
d	dénaturation
p	pression
s	peau
t	tissu
v	veine

ABRÉVIATIONS

AB : Avant-bras

CHU : Centre Hospitalier Universitaire

CIR : Caméra Infrarouge

CNRS : Centre National de Recherche Scientifique

ddl : degré de liberté

EDP : Équation aux Dérivées Partielles

EF : Éléments finis

FEM : Finite Element Method

I2S : Information, Structures, Systèmes

LMGC : Laboratoire de Mécanique et Génie Civil

NI : Niveaux Informatiques

OMS : Organisation Mondiale de la Santé

UM2 : Université de Montpellier 2

UMR : Unité Mixte de Recherche

SFETB : Société Française d'Etude et de Traitement des Brûlures

ThM2 : Thermomécanique des Matériaux

REMERCIEMENTS

Je tiens à remercier Monsieur Marc Herzilich, Professeur à l'Université de Montpellier 2 (UM2), directeur de l'Ecole Doctorale Information, Structures, Systèmes (I2S) de m'avoir acceptée en tant que doctorante de l'I2S.

Ce travail a été effectué au sein de l'équipe Thermomécanique des Matériaux, au Laboratoire de Mécanique et Génie Civil (LMGC) de l'UMR-CNRS 5508 de l'UM2.

Je tiens à exprimer à Monsieur Moulay Saïd El Youssoufi, Professeur à l'UM2, directeur du LMGC, ma profonde gratitude pour m'avoir permis d'effectuer mon travail de recherche au sein de son laboratoire.

Je tiens aussi à remercier Monsieur Bertrand Wattrisse, Professeur à l'UM2, responsable de l'équipe Thermomécanique des Matériaux (ThM2), pour m'avoir accueillie au sein de son équipe. La confiance qu'il m'a accordée et ses encouragements m'ont beaucoup aidée à mener à terme le travail.

Un grand merci à Madame Emmanuelle Jacquet, Maître de Conférences à l'Université de Franche Comté, pour avoir bien voulu juger ce travail et apporter des suggestions.

Je tiens à remercier Monsieur Daniel Balageas, Conseiller émérite au Département Mécanique du Solide et de l'Endommagement, ONERA, d'avoir accepté l'invitation à la soutenance.

Je remercie vivement Monsieur Norbert Noury, Professeur à l'Université de Lyon, qui me fait l'honneur de participer au jury et d'avoir accepté d'en juger le contenu en tant que rapporteur.

Je tiens à remercier Monsieur Christian Bissieux, Professeur à l'Université de Reims Champagne-Ardenne, d'avoir accepté non seulement de faire partie des membres du jury mais aussi d'avoir examiné attentivement le manuscrit.

Je remercie Monsieur André Chrysochoos, Professeur à l'UM2, pour son encouragement et son soutien durant ma thèse. Les discussions que nous avons eues, scientifiques ou non, ont été fort enrichissantes. C'est un grand honneur qu'il me fait en acceptant de juger ce travail.

Je remercie vivement Monsieur Vincent Huon, Maître de Conférences à l'UM2, pour tous les conseils prodigués lors de la phase d'expérimentation et pour avoir participé à l'encadrement de ma thèse.

J'ai eu la chance d'effectuer cette thèse sous la direction de Monsieur Franck Jourdan, Professeur à l'UM2. Son dynamisme et la richesse de ses idées, sur le plan numérique aussi bien qu'expérimental, sont pour moi une aide précieuse. Je tiens tout particulièrement à remercier pour m'avoir fait profiter de ses vastes connaissances. J'ai eu l'avantage d'avoir un directeur de thèse très réactif par rapport à l'encadrement. Je lui exprime toute ma gratitude.

Je remercie Madame Françoise Krasucki, Professeur à l'UM2, pour la confiance qu'elle m'a témoignée en m'attribuant des heures d'enseignement à l'UM2.

Je tiens à remercier l'ensemble des doctorants ou docteurs que j'ai pu côtoyer durant cette thèse, ainsi que les membres actifs de l'association Contact, pour leur encouragement et l'ambiance chaleureuse que nous avons partagée en travaillant efficacement pour le bien des jeunes chercheurs.

Mes remerciements vont aussi à tous les membres du Laboratoire LMGC, surtout l'équipe ThM2. Je ne saurais oublier l'atmosphère amicale qu'ils ont su faire régner et leur soutien efficace : le repas amical à la Halle avec une ambiance inoubliable.

Je souhaite remercier ici l'ensemble des personnes qui ont contribué à l'aboutissement de ces travaux.

Je remercie infiniment mes parents et toute ma famille qui, malgré l'éloignement, sont toujours présents à mes côtés et qui m'ont beaucoup encouragée pendant ma thèse.

Un dernier clin d'œil pour ma petite fille et mon mari pour m'avoir encouragée tout au long de ce travail.

Introduction Générale

La peau est le plus grand organe du corps humain. Elle est considérée comme un matériau multicouche complexe. Grâce à sa solidité, son élasticité et la cohésion de toute sa structure, elle protège le corps contre les agressions mécaniques comme les chocs, les mouvements, etc. Elle aide également au maintien de la température permanente de notre corps. Contre le froid, l'organisme augmente son métabolisme. Ceci induit une baisse des réserves énergétiques (Bonnin *et al.*, 2003). Contre le chaud, la dilatation active des petits vaisseaux du derme favorise l'évacuation de l'excès de chaleur (Tran, 2007). La peau *in vivo* est sensible aux effets des températures très élevées qui mènent à la brûlure.

Ce phénomène de brûlure est un problème de santé publique. Il peut provoquer des séquelles pour les victimes. Chaque année dans le monde, plus de 300 000 personnes décèdent de dommages résultant, directement ou indirectement, du contact de la peau avec des sources thermiques, d'après l'Organisation Mondiale de la Santé (OMS).

Aux Etats-Unis, 1 250 000 personnes se brûlent chaque année et nécessitent des soins médicaux (MacLennan *et al.*, 1998).

Au Canada, 15 morts sur un million sont consécutives à des brûlures (Church *et al.*, 2006).

En France, environ 200 000 personnes brûlées nécessitent des soins médicaux; 10 000 d'entre elles subissent une hospitalisation et 1000 décèdent (Gueugniaud, 1997). Le risque domestique est à l'origine de 70% des brûlures avec hospitalisation. Certaines techniques d'intervention rapide permettraient de limiter les séquelles.

Selon la Société Française d'Etude et de Traitement des Brûlures (SFETB), toute lésion provoquée par une brûlure, suite à un dommage engendré par la chaleur ou le froid sur la peau, peut être classifiée en **trois degrés** de gravité différents. **Le premier** est défini par une atteinte superficielle de l'épiderme, lésion bénigne qui guérit en 4 ou 5 jours.

Le deuxième, qui peut être subdivisé en deux niveaux d'atteinte, superficiel et profond, correspond à une lésion totale de l'épiderme, voire superficielle du derme. Selon la profondeur de la lésion, la guérison nécessite de 10 à 35 jours.

Enfin, **le dernier** correspond à la destruction totale de l'épiderme, du derme et parfois avec une atteinte de l'hypoderme. Cette guérison requiert un traitement chirurgical obligatoire (greffe) (Petit *et al.*, 1993; Autriche et Lormel, 2008; Museux, 2010).

L'objectif à long terme des travaux de thèse présentés dans ce mémoire est de proposer des actions qui permettront de réduire les dommages créés par les brûlures en limitant leur diffusion. Nos travaux se basent sur l'**expérimentation** et la **simulation numérique**. Ils consistent à connaître plus précisément le comportement thermomécanique de la peau, afin d'optimiser les soins.

Cette introduction générale s'articule en trois parties. Un **état de l'art** sera d'abord présenté. Il est en effet, nécessaire de connaître l'historique et l'actualité des recherches effectuées. Ensuite, nous aborderons les **objectifs** et **les approches** de nos travaux de recherche : quels sont la problématique, la motivation et le but de cette étude ? Enfin, un **plan** détaillé du mémoire sera présenté.

Etat de l'art

Certaines études ont été menées durant le $20^{\grave{e}me}$ siècle jusqu'à aujourd'hui, pour modéliser le comportement thermique de la peau, étape initiale nécessaire à la compréhension des mécanismes impliqués dans les transferts de chaleur en son sein. Plusieurs modèles apparaissent comme références, chacun tentant d'intégrer plus de phénomènes que le précédent. Depuis le début du $19^{\grave{e}me}$ siècle, plusieurs chercheurs ont tenté de caractériser la peau *in vitro* et *in vivo*. (Hendriks, 2001) a présenté une étude *in vitro* des propriétés mécaniques de la peau dans son rapport bibliographique. Les études *in vitro* ont mis en évidence des comportements mécaniques complexes liés à la structure multicouche de la peau. Malheureusement, elles ne permettent pas de décrire le fonctionnement naturel de la peau car elle ne fonctionne que dans un corps vivant (Khanafer et Vafai, 2009). De plus, la détermination précise des propriétés mécaniques de la peau *in vivo* est difficile (Jacquet *et al.*, 2008).

A partir des années 40, plusieurs groupes de recherche se sont intéressés à la caractérisation mécanique de la peau *in vivo*. (Hirsch et Sonnerup, 1968; Humphries et Wildnauer, 1972; Hsu et Wildnauer, 1975; Panjabi *et al.*, 1976; Barton et Marks, 1984; Levêque *et al.*, 1984; Oxlund et al., 1988; Kenneth *et al.*, 2000) se sont penchés sur les propriétés mécaniques de la peau *in vivo*. Pourtant, par manque de moyens, leurs études se sont limitées à la surface de la peau. Récemment, avec l'évolution technologique, quelques équipes orientent leur recherche sur l'exploration en profondeur de la peau *in vivo* en utilisant les techniques d'imagerie médicale. C'est notamment le cas de : (Alanen, 2004; Tran, 2007; Delalleau, 2007). Le comportement mécanique de la peau est ainsi décrit de façon plus réaliste.

Malgré cela, les connaissances sur ces propriétés mécaniques ne sont pas encore complètes.

Dans la littérature, divers types d'approches ont été envisagés et de nombreux travaux y ont été consacrés.

Objectifs et approches

Ces travaux de recherche proposent une **modélisation** et une approche numérique du comportement thermomécanique de la peau, validées par des **résultats expérimentaux**. Notre étude a pour but de souligner de manière quantitative certains **effets de la circulation sanguine** sur la diffusion de la chaleur.

L'originalité de cette recherche est de **modifier la circulation sanguine** en utilisant les effets de la pesanteur, afin de quantifier les variations de températures dues à la vitesse de circulation du sang. En effet, une connaissance plus approfondie du comportement thermomécanique du sang permettra de proposer un protocole de refroidissement de la peau capable d'éviter la propagation des lésions dues à la diffusion de la chaleur.

Pour cela, nous avons réalisé **deux types d'expérimentations**. La **première démarche** a consisté à réaliser des mesures infrarouges au niveau de la peau d'un avant-bras humain pour identifier l'**évolution de sa température** et l'influence des veines dans le tissu. Elle est basée sur le principe global suivant : on pose une **barre cylindrique refroidie ou réchauffée** sur la peau et on enregistre l'image thermique en utilisant une **caméra infrarouge** pour différentes positions de l'avant-bras.

La **seconde** campagne de mesures a nécessité l'emploi d'une **machine échographique** afin d'obtenir les informations anatomiques et mécaniques manquantes des veines observées dans les résultats de la première expérimentation. En parallèle, nous proposons la construction d'un **modèle numérique multicouche, multiphysique** de la peau et de son environnement direct. Les simulations sont réalisées à l'aide du logiciel de calcul **COMSOL** en utilisant la méthode des **éléments finis**. Ce modèle nous servira ensuite pour estimer la progression de l'**endommagement thermique** lors de brûlures de la peau.

Présentation du plan

Ce travail est structuré en **trois parties**.

La **première** est consacrée à la **bibliographie** des propriétés thermomécaniques de la peau et de son environnement direct. Elle se divise en **cinq chapitres**. Dans un premier temps, nous aborderons la **structure anatomique de la peau**. Il est en effet nécessaire de connaître son **anatomie générale** pour comprendre son fonctionnement. Nous y présenterons l'état des connaissances actuelles sur la **brûlure** et les moyens actuellement utilisés pour la traiter. Dans un deuxième temps, nous exposerons les **lois de transfert de chaleur en milieu continu**. Après avoir décrit un **fluide en mouvement**, nous définirons les **mécanismes du transfert de chaleur** et l'**équation de la chaleur dans un fluide**. Nous verrons ensuite, dans un troisième chapitre, l'application directe de l'**équation de la chaleur**, avec la présentation de l'équation de **Pennes** qui sera davantage détaillée en vue de notre modélisation numérique développée dans la troisième partie de cette thèse. Dans le quatrième chapitre, nous discuterons des **autres modèles** de transfert de chaleur dans la peau. Pour terminer, le cinquième chapitre sera consacré à l'**endommagement thermique** de la peau.

La **deuxième partie** s'articule autour de la description de la partie **expérimentale**. Elle est composée de **quatre chapitres**. Dans un premier chapitre, nous y exposerons le **protocole** d'expérimentation et les matériels utilisés. Nous verrons le **déroulement**, le **principe** de l'expérimentation et les différentes étapes de mesures. Nous traiterons ensuite, dans un deuxième chapitre, des données expérimentales. Nous présenterons l'**évolution de la température** en fonction du temps, les observations des différents traitements des données expérimentales dans diverses positions et l'analyse des résultats. Ceux obtenus avec la caméra infrarouge (CIR) seront traités avec le logiciel **MATLAB** pour présenter les courbes correspondant à l'évolution de la température en chaque point. Le troisième chapitre sera axé sur l'**étude comparative** expérimentale sur des sujets masculin et féminin sur le **refroidissement** et le **réchauffement**. Dans le quatrième chapitre, nous présenterons la **mesure de la perfusion**. Nous verrons l'objectif et le principe de cette mesure pour terminer par la comparaison des résultats avec ceux obtenus par **thermocouples**.

La **dernière partie** est consacrée à la **simulation numérique** par **éléments finis** des interactions thermiques qui se produisent dans la peau. Le calcul est mené avec le logiciel **COMSOL** en nous basant sur les propriétés thermomécaniques issues de la recherche bibliographique citée précédemment. Un modèle **3D multicouche** de la peau est élaboré et le calcul est mené avec une **analyse transitoire**. Cette partie est divisée en **deux chapitres**, dont le premier sera consacré aux **comparaisons des résultats** numériques **validés** par les résultats **expérimentaux**. Nous présenterons la **modélisation** de la peau en 3D multicouche, les **hypothèses**, les **conditions aux limites** et les **propriétés des matériaux**. Nous y parlerons des avantages à utiliser le logiciel de calcul **COMSOL Multiphysics**. Dans le second chapitre, nous développerons notre simulation du calcul d'**endommagement thermique en 3D** de la peau. Nous exposerons les lésions dues à l'expérimentation. Les hypothèses et les conditions de calcul seront évoquées. Nous mettrons en évidence les différentes étapes des températures imposées et l'**évolution de l'endommagement** en fonction du temps. Enfin, seront décrits, les premiers **résultats obtenus**.

Nous terminerons par les **conclusions générales** et les **perspectives** de ce travail.

Première partie

Etude bibliographique des propriétés thermomécaniques de la peau

INTRODUCTION PARTIE I

Cette partie bibliographique est divisée en cinq chapitres. Dans les généralités de la structure de la peau, nous allons tenter de situer l'état de l'art dans le domaine. Nous commencerons par la structure et l'anatomie de la peau et de son environnement direct afin de bien définir ses différents constituants. Nous aborderons le sujet de la brûlure, sa typologie et sa classification. Nous parlerons de l'importance de la perfusion sanguine dans le transfert de chaleur.

Ensuite, dans le deuxième chapitre, nous présenterons les lois de transfert de chaleur dans le milieu continu. Le milieu que nous souhaitons étudier contient des vaisseaux sanguins qui sont le vecteur du transport de chaleur. Nous nous intéresserons donc à la description d'un fluide en mouvement et parlerons des mécanismes du transfert de chaleur dans un fluide.

Dans le troisième chapitre, nous verrons l'application directe de l'équation de la chaleur avec la présentation de l'équation de Pennes qui sera davantage détaillée en vue de notre modélisation numérique développée dans la troisième partie.

Dans le quatrième chapitre, nous discuterons des autres modèles de transfert de chaleur dans la peau.

Pour terminer, le cinquième chapitre sera consacré à l'endommagement thermique de la peau.

GÉNÉRALITÉS SUR LA PEAU ET SON ENVIRONNEMENT DIRECT

Sommaire

1.1 Structure et anatomie de la peau

La peau est une enveloppe protectrice du corps. C'est un organe complexe qui contient plusieurs mécanismes nécessaires au fonctionnement intégral du corps humain.
Elle sépare les organes des agressions environnementales (Peyrefitte, 1997; Vogel, 2002; Lassagne, 2004; Tran, 2007). Celles-ci peuvent être dues à des bactéries, des virus ou des stimulations nocives telles que des températures extrêmes ou des contraintes élevées (Bauer, 2004;

Bauer *et al.*, 2006). Tant que les agressions ne sont pas trop nombreuses, la peau peut s'auto-réparer, mais, lorsqu'elles sont trop importantes ou que le capital soleil est épuisé, ce système fonctionne mal ou plus du tout (Green, 2000).

L'anatomie de la peau humaine montre une structure multicouche complexe, constituée de l'épiderme, du derme et de l'hypoderme avec des fonctions différentes pour chaque couche. L'épaisseur de chacune d'entre elles est variable suivant sa localisation anatomique, le sexe et l'âge (Anthony et Thibodeau, 1979; Jemec *et al.*, 2001; Vogel, 2002).

Plus qu'une enveloppe extérieure, la peau est un organe à part entière qui joue un rôle primordial, non seulement dans la protection du corps contre les attaques extérieures, mais aussi sur le plan esthétique et émotionnel (Wilkes *et al.*, 1973; Jemec *et al.*, 2001).

La peau d'un adulte représente une surface entre 1,5 à 2 m^2 et pèse entre 6 et 10 kg. Elle est composée de 2000 milliards de cellules. L'épaisseur de la peau varie entre 1 mm et 4 mm (Vogel, 2002; Church *et al.*, 2006).

Sa surface peut être estimée par la formule :

$$A_p = 0,202.masse^{0,425}.taille^{0,725} \tag{1.1}$$

Avec A_p en m^2, la masse en kg, la taille en m.

Cette formule n'est valable qu'avec les dimensions suivantes :

une surface de 1 cm^2 de peau possède en moyenne (Melissopoulos et Levacher, 1998; Museux, 2010) :

- 70 cm de vaisseaux sanguins,

- 55 cm de nerfs,

- 100 glandes sudoripares,

- 15 glandes sébacées.

1.1.1 Epiderme

L'épiderme est la couche la plus superficielle de la peau, en contact avec l'extérieur. Son épaisseur varie en fonction de sa localisation : 0,05 mm à la paupière, 1,5 mm aux paumes des mains et plante des pieds (Vogel, 2002). La moyenne est de 0,1 mm. L'apport en nutriments de l'épiderme dépend du derme. Pour cela, un liquide intercellulaire, en provenance des vaisseaux sanguins du derme, est diffusé dans l'épiderme (Wulff, 1974). Ce dernier est constitué de cinq couches de cellules ou kératinocytes [1] qui synthétisent la kératine à la suite de modifications structurales et biochimiques (Vogel, 2002).

Le *stratum corneum* ou couche cornée est la couche la plus superficielle. Cette strate est en renaissance permanente. En quatre semaines environ, la totalité de la strate est renouvelée. Elle joue un rôle important dans les mécanismes de cicatrisation et de migration des

---

1. **Kératinocytes :** les kératinocytes sont des cellules constituant 90% de la couche superficielle de la peau.

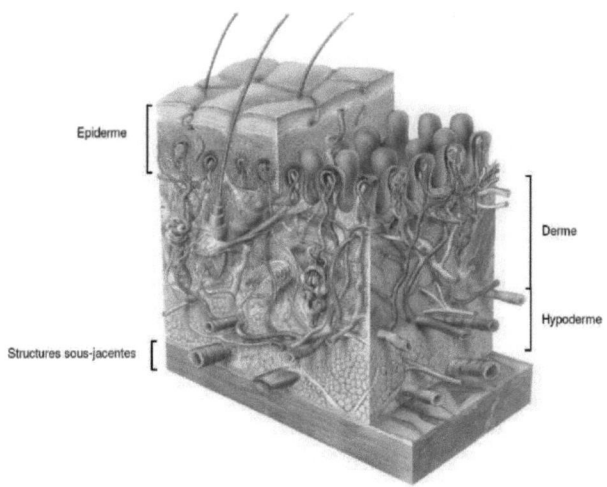

FIGURE 1.1 – *Structure de la peau humaine (Delalleau, 2007).*

kératinocytes basaux (Prost-Squarcioni, 2006; Delalleau, 2007).

Le *stratum lucidum* est une couche singulière. Cette couche n'apparaît qu'aux paumes des mains et à la plante des pieds. Elle contient une substance nommée l'éléidine[2], qui se transforme en kératine au cours de la migration de ces cellules vers le *stratum corneum*.

Le *stratum granulosum* est une couche granuleuse. Elle est composée d'une à cinq couches de cellules nucléées de forme aplatie. Elle contient des grains de kératohyaline[3].

Le *stratum spinosum* est la couche centrale de l'épiderme. Elle est composée de cinq à dix rangées de cellules cuboïdales qui s'aplatissent avec leur arrivée au *stratum granulosum*. Cette couche donne une grande résistance mécanique à l'ensemble de l'épiderme (Laplante, 2002).

Le *stratum germinativum* est la couche basale. C'est la couche la plus complexe de l'épiderme. Elle contient des kératinocytes et des mélanocytes[4] et appuie sur la membrane basale, couche continue introduite entre les cellules de la couche basale et le derme. Elle joue un rôle

---

2. **Éléidine :** substance huileuse.
3. **Kératohyaline :** substance graisseuse qui imprègne et assouplit la kératine de la peau.
4. **Mélanocytes :** les mélanocytes sont les cellules qui pigmentent la peau, les poils ou les plumes des vertébrés. Ce sont des dérivés de la crête neurale.

très important dans l'intégrité de l'épiderme (Delalleau, 2007).

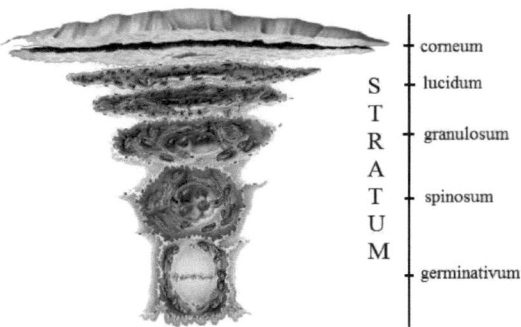

FIGURE 1.2 – *Structure de l'épiderme (Geras, 1990).*

1.1.2 Derme

Le derme se situe juste au-dessous de l'épiderme. Il forme la couche la plus épaisse de la peau allant de 1 mm pour le visage à 4 mm pour le dos et la cuisse. Il est séparé de l'épiderme par la membrane basale qui représente un filtre de diffusion vis-à-vis des produits qui circulent entre le derme et l'épiderme (Lassagne, 2004). Le derme est un tissu conjonctif qui contient des cellules appelées fibroblastes entourées par une matrice extracellulaire, des vaisseaux sanguins et des terminaisons nerveuses. Les glandes sudorales et sébacées siègent aussi dans le derme. Ce dernier assure les fonctions mécaniques, thermiques et énergétiques de l'épiderme (Vogel, 2002). C'est dans le derme que les cellules se multiplient pour remplacer celles qui sont éliminées. Il contient de nombreux vaisseaux sanguins qui assurent la nutrition de l'épiderme. La couche du tissu adipeux, formant l'hypoderme, est située sous le derme, structure complexe bien plus épaisse que l'épiderme. Le derme est formé de deux régions anatomiques : le derme papillaire et le derme réticulaire.
Le premier est également appelé derme superficiel. Riche en vaisseaux, il est composé de fibres de collagène.
Le second est la couche la plus résistante de la peau. Son épaisseur varie en fonction de sa localisation.
Le derme joue un rôle majeur dans la thermorégulation de l'organisme par la modification du tonus de la paroi de ses nombreux vaisseaux (voir Figure 1.3). Il participe à l'hydratation cutanée, grâce aux protéines hydrophiles (Manschot *et al.*, 1982; Agache, 2000).

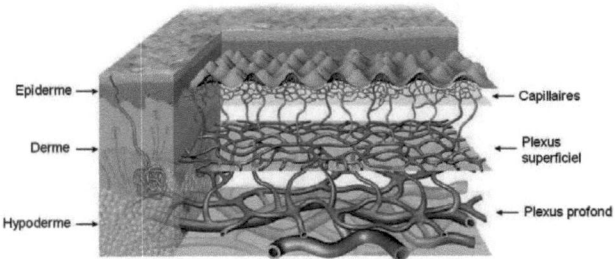

FIGURE 1.3 – *Appareil vasculaire du derme. En rouge : le réseau artériel, en bleu : le réseau veineux (Geras, 1990; Museux, 2010).*

1.1.3 Hypoderme

L'hypoderme est la couche la plus profonde de la peau. C'est un tissu adipeux qui constitue un réservoir énergétique de l'organisme. Il est capable de stocker les lipides sous forme de triacylglycérols[5] (ou triglycérides) ou de les libérer sous forme d'acides gras et de glycérole. Son rôle est d'amortir les pressions auxquelles la peau est soumise. Avec la graisse comme isolant et les glandes sudorales qui fabriquent et expulsent la sueur via de petits canaux invisibles à l'œil nu, il joue un rôle dans la thermorégulation et protège l'organisme des variations de température.

L'hypoderme se trouve essentiellement dans les parties du corps devant supporter un impact important, comme les fesses ou les talons. Il est quasi-inexistant dans les autres zones (Vogel, 2002).

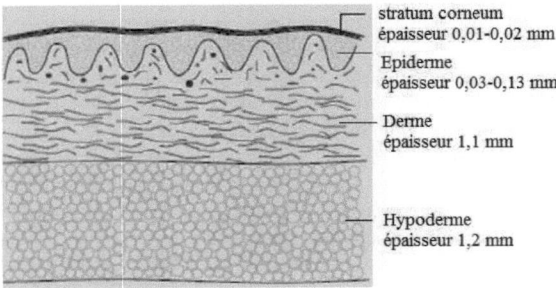

FIGURE 1.4 – *Anatomie de la peau (Hendriks, 2001).*

---

5. **Triacylglycérols :** les triacylglycérols sont des glycérides dans lesquels les trois groupements hydroxyle du glycérol sont estérifiés par des acides gras. Ils sont le constituant principal de l'huile végétale et des graisses animales.

1.1.4 Annexes de la peau

Comme annexes de la peau, on peut citer (Vogel, 2002) :
- les ongles indispensables à la sensibilité tactile fine et à la préhension d'objets fins.
- les poils formés de deux parties : la racine et la tige.
- les cheveux formés de 100 à 150 000 follicules pileux.
- des millions de glandes qui parsèment la surface du corps, notamment sudoripares qui permettent d'évacuer l'excès de chaleur et de maintenir constante la température du corps, autour de 37^oC.

1.1.5 Fonctions de la peau

Comme vu plus haut, la peau assure plusieurs fonctions dont les plus essentielles sont :
- fonction protectrice :
  grâce à sa solidité, son élasticité et la cohésion de toute sa structure.
  Contre les agressions mécaniques comme les mouvements du corps, les chocs, elle s'appuie sur :

  + la kératine de la couche cornée, solide barrière continue,
  + les fibres du derme, collagènes, qui confèrent à la peau leur force de tension, et élastiques, grâce auxquelles la peau revient en place après étirement,
  + le coussin graisseux de l'hypoderme, qui protège les muscles et les os sous-jacents contre les chocs et les pressions (Vogel, 2002).
- fonction de perception de l'environnement : La peau, par sa richesse en fibres sensitives, informe l'organisme sur 4 grands groupes de sensations : la douleur et la température (sensibilité protopathique [6]), le toucher et la pression (sensibilité épicritique [7]). Premier organe sensoriel à apparaître au cours de l'évolution, le sens tactile est aussi le dernier à disparaître au cours du vieillissement (Vogel, 2002).
- fonction de régulation thermique : La peau aide au maintien de la température permanente de notre corps (voir Figure 1.5). Contre le froid, l'organisme augmente son métabolisme. Ceci induit une baisse des réserves énergétiques (Bonnin *et al.*, 2003). Contre le chaud, la dilatation active des petits vaisseaux du derme favorise l'évacuation de l'excès de chaleur (Tran, 2007). La peau est sensible aux effets des différences de températures, le froid (1) et la transmission solaire (2), qui mène à la formation de la sueur (3) (voir Figure 1.5).

---

6. **Protopathique :** se dit de la sensibilité cutanée déclenchée par une stimulation forte et qui entraîne une réaction de défense de l'organisme, sans analyse fine du stimulus ou de sa localisation.

7. **Épicritique :** pouvant percevoir les stimulations sensitives tactiles ou thermiques les plus subtiles.

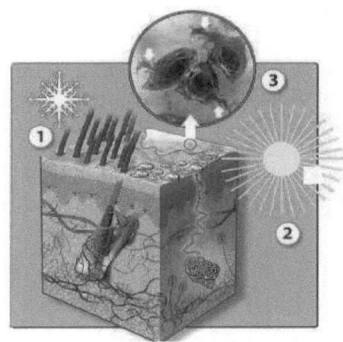

FIGURE 1.5 – *Les fonctions protectrices de la peau (Rolf, 2004).*

1.2 Brûlure

La brûlure est une destruction du revêtement cutané, parfois même, des plans sous-jacents. Elle est due à un transfert de chaleur d'une source d'énergie vers la peau. L'agent vulnérant peut être thermique, électrique, chimique, lié à des radiations ionisantes (rayons U.V., X). Les brûlures favorisent la multiplication des microbes dangereux sur une peau à vif. Le meilleur traitement d'urgence est l'eau froide déversée en abondance sur la région brûlée. Celle-ci doit ensuite être protégée de toutes les causes d'infection venues de l'extérieur (Djenane, 2002).

1.2.1 Types de brûlures

On peut les classer en trois catégories : thermiques, électriques et chimiques.

Brûlures thermiques

Ce sont les plus fréquentes. Elles sont causées par contact avec un agent chaud solide ou liquide. Les solides entraînent des lésions limitées mais profondes, tandis que les liquides génèrent des lésions étendues (Djenane, 2002).

- Les brûlures par contact avec les flammes : hydrocarbures légers, alcool à brûler, gaz domestiques.
- Les brûlures par le froid : crevasses et engelures. Elles sont l'effet d'une déshydratation de la peau provoquée par des variations de température. Les parties du corps les plus touchées sont les extrémités du corps.
- Les brûlures solaires ou coups de soleil.

Brûlures électriques

Il existe 3 grands groupes : les brûlures électriques proprement dites, celles par arc et les thermoélectriques. Les lésions sont plus développées et plus profondes qu'elles n'apparaissent. Le système de conduction cardiaque peut être affecté, ce qui entraîne un décès brutal ou des troubles du rythme. Le resserrement musculaire profond (tétanisation) peut provoquer des fractures des os longs ou même de la colonne vertébrale. Elles sont de plus en plus rares et se produisent le plus généralement sur le lieu de travail (Djenane, 2002).

Brûlures chimiques

Elles sont dues à des acides ou des bases. Leur particularité tient au fait que l'atteinte continue de se produire tant que le produit n'est pas neutralisé par un agent externe. La quantité de tissu endommagée dépend du produit chimique impliqué et du temps d'exposition. Ces brûlures sont moins fréquentes actuellement grâce à la prise en charge professionnelle des métiers à risque (Djenane, 2002).

1.2.2   Classification d'une brûlure

La gravité d'une brûlure est représentée par son degré, qui exprime la profondeur de l'atteinte de la peau. Cette classification ne révèle que grossièrement la gravité d'une brûlure, il faut, par ailleurs, tenir compte de l'âge, de la localisation des lésions et surtout de l'étendu de la région brûlée (Djenane, 2002).

Premier degré

Dans une brûlure du premier degré, seul l'épiderme est touché. Elle se traduit par une rougeur superficielle douloureuse sans cloque. Le coup de soleil est sa cause majeure. Souvent, la brûlure de premier degré entraîne une légère démangeaison d'origine nerveuse, qui s'évanouit en quelques jours. Elle atteint les couches superficielles de l'épiderme sans lésion de la basale. Elle se reconnaît par l'absence de décollement et par la présence d'un érythème douloureux. La cicatrisation spontanée se fait entre 2 jours et 1 semaine sans aucune séquelle.

Deuxième degré superficiel

Cette brûlure correspond à une destruction de l'épiderme, du derme superficiel et à celle partielle de la couche basale ondulée. Elle se caractérise par une douleur vive et la cloque apparaît immédiatement. La plaie est humide. La peau guérie est moins pigmentée que le tissu normal.

16

Deuxième degré profond

C'est la destruction complète de l'épiderme, du derme superficiel et de toute la couche basale ondulée. Le délai de guérison est plus long. La peau sera ultérieurement de mauvaise qualité avec le risque d'une cicatrisation hypertrophique.

Troisième degré

Dans ce cas, la peau est totalement détruite. Cette brûlure grave est indolore car les terminaisons nerveuses du derme sont détruites. La partie brûlée est blanche ou gris-noire.

La figure 1.6 montre la brûlure de la peau sous différents degrés.

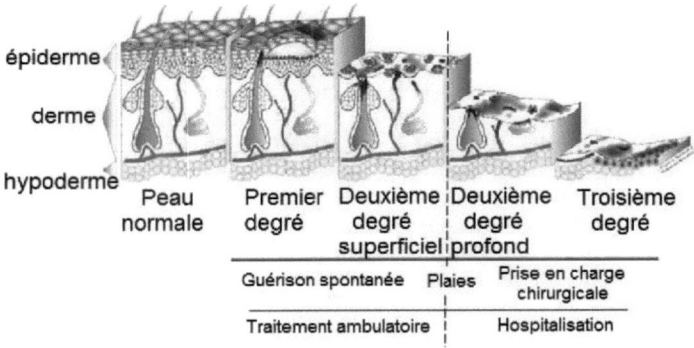

FIGURE 1.6 – *Différents degrés de brûlure de la peau (Museux, 2010).*

1.2.3 Evaluation des lésions

Propagation

La surface, la profondeur, l'âge, les antécédents et les lésions associées, surtout respiratoires, sont les facteurs majeurs de la gravité de la brûlure (Rohan et Schlemmer, 1987).
Pour les brûlures par chaleur, la profondeur de la lésion dépend de l'intensité et de la durée de contact avec la source thermique. L'évaluation de la surface consiste à estimer le pourcentage brûlé par rapport à la surface corporelle totale (Djenane, 2002).
L'évaluation de la profondeur est fonction de l'atteinte totale ou partielle de la membrane basale génératrice de l'épiderme.

Evolution

La brûlure évolue schématiquement en trois phases :
- phase des déséquilibres hémodynamiques :
  Elle est spécifique, cliniquement, par la tendance au collapsus et même au choc hy-povolémique [8] avec des conséquences organiques en l'absence de traitement. En re-vanche, les symptômes cliniques de choc potentiel sont absents, quand le malade est convenablement traité dès le début.
- phase métabolique :
  Elle débute juste après la phase de déséquilibre hémodynamique et s'achève avec la fermeture complète des lésions spontanées ou chirurgicales.
- phase des séquelles :
  Elle est plus ou moins longue selon les dommages subis. Différentes techniques comme la rééducation fonctionnelle ou l'hydrothérapie seront appliquées au patient afin de récupérer ses capacités au plan fonctionnel.

1.2.4 Traitement des brûlures

Le traitement des brûlures de degrés 1 et 2 n'entraîne pas d'hospitalisation. Les bons ré-flexes sont de supprimer rapidement la cause de la brûlure en refroidissant la partie brûlée avec de l'eau. Chaque seconde est importante. Tant que la température de la peau n'est pas redescendue au-dessous du seuil de 45^oC, la lésion continue d'évoluer.
Un des objectifs de notre étude est justement de modéliser ce phénomène afin d'apporter des solutions de régulation de la température. Les exceptions comprennent les localisations lésionnelles au niveau de la main, du visage, du pied et des organes génitaux ainsi que la pré-sence de complications sévères telles qu'une septicémie, un état de choc circulatoire ou des contractures (rétractions) imposant un geste chirurgical (Djenane, 2002).

1.3 Perfusion sanguine

Ce terme, synonyme d'irrigation, signifie le passage d'un liquide dans une région ou un organe du corps. La perfusion est la microcirculation sanguine qui représente le flux sanguin des vaisseaux. La mesure de cette microcirculation dans des volumes actifs de quelques mm^3 offre un large champ d'applications dans le domaine de la physiologie, de la neurologie et de la pharmacologie (Yong-Gang et Liu, 2007), (Kaizawa et Maruoka, 2008). La perfusion san-guine est quantifiée comme le flux sanguin par unité de volume de tissus. Elle joue un rôle important dans le transport d'oxygène, de nutriments et de médicaments à travers tout le corps (Rai, 1999).
La mesure du flux sanguin est très importante pour la science médicale, l'ingénierie biomé-dicale et le diagnostic des maladies (Ng et Chua, 2002), (Mercer et Sidhu, 2005).

---

8. **Hypovolémique :** relatif à l'hypovolémie, diminution générale du volume sanguin.

De nombreuses grandeurs sont prises en compte pour caractériser l'activité microcirculatoire :
- La mesure par capillaroscopie qui permet l'observation *in vivo* de la dynamique circulatoire et la réalisation de mesures morphologiques du réseau circulatoire.
- La mesure de la vitesse de diffusion d'un marqueur entre le milieu extra vasculaire et intra vasculaire. Cette vitesse est d'autant plus grande que l'irrigation sanguine tissulaire est importante (Rai, 1999).

La modélisation de cette activité sanguine a fait l'objet de nombreuse études, (Victor et Shaha, 1976; Dagan *et al.*, 1986; Rubinsky, 1999; Mercer et Sidhu, 2005; Jyoti *et al.*, 2005; Minkowycz *et al.*, 2009). Une partie de ces travaux sera discutée aux chapitres 3 et 4.

1.4 Vaisseaux sanguins

Ce sont des canaux qui transportent le sang aux différents tissus de l'organisme afin de permettre leur oxygénation et par conséquent leur fonctionnement. Les vaisseaux forment un système branché d'artères, de veines, et de capillaires, avec des tailles et des propriétés mécaniques et biochimiques différentes. Cependant, la paroi de tous les vaisseaux sanguins est constituée des mêmes éléments, dont l'importance varie d'une paroi à une autre, conférant à chacun des secteurs vasculaires des propriétés propres.

1.5 Flux sanguin

Le flux sanguin définit la manière avec laquelle le sang s'écoule dans les veines et les artères. Il a été établi que celui-ci joue un rôle dans la survenue des crises cardiaques et des accidents cérébraux-vasculaires. Toutefois, les mécanismes précis ne sont pas totalement connus. Nous nous intéressons à ce paramètre dans la mesure où il entre dans le transfert de chaleur qui survient entre la peau et l'organisme (Rubinsky, 1999). Les parois des veines sont composées de 3 couches :
- l'*intima*, à l'intérieur des vaisseaux, formée généralement de cellules endothéliales [9] (endothélium).
- la *média*, couche intermédiaire composée de cellules musculaires lisses, de collagène et d'élastine.
- l'*adventice*, couche externe des vaisseaux composées de fibroblaste, de collagène et d'élastine.

---

9. **Endothéliales :** la couche la plus interne des vaisseaux sanguins, celle en contact avec le sang.

CHAPITRE 1. GÉNÉRALITÉS SUR LA PEAU ET SON ENVIRONNEMENT DIRECT

CHAPITRE 2

THERMOMÉCANIQUE DES FLUIDES

Sommaire

2.1 Fluides classiques et équations de Navier-Stokes

L'influence des veines dans la thermorégulation de la peau est significative, c'est ce que nous mettons en évidence dans la partie 2.Afin de modéliser l'action de l'écoulement sanguin, nous présentons, dans ce chapitre, le cadre thermomécanique permettant d'obtenir l'équation de diffusion de la chaleur dans un milieu continu fluide.

2.1.1 Généralités

Remarque préliminaire sur les notations utilisées

L'opérateur sera exprimé en utilisant l'opérateur nabla défini par $\underline{\nabla} = (\frac{\partial}{\partial x_1}, \frac{\partial}{\partial x_2}, \frac{\partial}{\partial x_3})$.

$\frac{d}{dt}$ désigne la dérivée particulaire : lorsqu'une fonction f est exprimée en fonction des coordonnées d'une particule en mouvement $\underline{x}(t)$, de vitesse $\frac{d\underline{x}}{dt}$, on appelle dérivée particulaire de $f(\underline{x}, t)$, sa dérivée totale de t s'écrit :

$$\frac{df}{dt} = \frac{\partial f}{\partial t} + \underline{\nabla} f \cdot \frac{d\underline{x}}{dt}$$

Les équations générales qui régissent le mouvement d'un fluide homogène visqueux sont, dans Σ (domaine de l'espace $\mathbb{R}^3$ occupé par le fluide) :
 – conservation de la masse :

$$\frac{d\rho}{dt} + \rho \underline{\nabla}.\underline{U} = 0 \tag{2.1}$$

 – conservation de la quantité de mouvement :

$$\rho \frac{d\underline{U}}{dt} = div\underline{\underline{\sigma}} + \underline{f} \tag{2.2}$$

 – loi de comportement :

$$\underline{\underline{\sigma}} = (-p + \lambda \underline{\nabla}.\underline{U})\underline{\underline{I}} + 2\mu \underline{\underline{\varepsilon}} \tag{2.3}$$

où $\underline{U}(\underline{x}, t)$ est le vecteur vitesse de composantes (u_1, u_2, u_3) dans le repère considéré,

$\underline{x} = (x_1, x_2, x_3)$ est le vecteur position (coordonnées d'Euler) de la particule considérée à l'instant t,

$\rho(\underline{x}, t)$ est la masse volumique ($\rho > 0$),

$\underline{f}(\underline{x}, t) = (f_1, f_2, f_3)$ est la densité volumique des forces extérieures agissant sur le fluide (généralement les forces de pesanteur),

$p(\underline{x}, t)$ est la pression du fluide (p),

$\underline{\underline{\sigma}}(\underline{x}, t)$ sont les composantes du tenseur symétrique des contraintes,

$\underline{\underline{\varepsilon}}(\underline{x}, t)$ sont les composantes du tenseur des vitesses de déformation,

λ, μ sont des coefficients de viscosité.

Conditions aux limites

Les conditions aux limites, découlant respectivement des lois de conservation de la masse et la quantité de mouvement s'écrivent :

$$\underline{U} = 0 \quad sur \quad \Gamma \tag{2.4}$$

si $\Gamma = \partial\Sigma$ (frontière du volume Σ est une paroi fixe (sinon c'est la vitesse relative qui est nulle)).

$$\underline{\underline{\sigma}}\underline{N} = \underline{F} \quad sur \quad \Gamma \tag{2.5}$$

où $\underline{N}$ est le vecteur unitaire de la normale extérieure à Σ et $\underline{F}$ la densité surfacique d'efforts appliqués au point considéré par la paroi Γ sur le fluide.

2.1.2 Cas d'un fluide incompressible : les équations de Navier-Stokes

La loi d'état d'un milieu incompressible s'écrit :

$$\underline{\nabla}.\underline{U} = 0 \tag{2.6}$$

Cette incompressibilité et l'homogénéité (ρ est invariant par rapport à l'espace) du fluide font que la conservation de la masse signifie simplement $\rho = \rho_0 =$ constante et que le tenseur des contraintes est réduit à :

$$\underline{\underline{\sigma}} = -p\underline{\underline{I}} + 2\mu\underline{\underline{\varepsilon}} \tag{2.7}$$

d'où la nouvelle formule :

$$\frac{\partial \underline{U}}{\partial t} + (\underline{U}.\underline{\nabla})\underline{U} + \frac{\nabla p}{\rho_0} = \frac{f}{\rho_0} + \nu\Delta\underline{U} \tag{2.8}$$

où $\nu = \frac{\mu}{\rho_0}$ est la viscosité cinématique du fluide. Le système d'équations non-linéaire (voir formules (2.7) et (2.8)) est connu sous le nom de Navier-Stokes. Il compose quatre équations aux dérivées partielles (dont trois du second ordre) pour la détermination de quatre inconnues : u_1, u_2, u_3 et p, des données initiales sur $\underline{U}$, p et les conditions aux limites de type (2.1.1) et (2.5), plus éventuellement des conditions de continuité si la frontière Γ comporte une surface libre.

Écoulement stationnaire d'un fluide visqueux incompressible dans une conduite cylindrique

Comme indiqué précédemment, nous nous intéressons à l'écoulement du sang dans les veines. Nous modéliserons les veines par des cylindres. Des pressions p_1 et p_2 constantes sont imposées respectivement aux deux extrémités de la veine de longueur L et l'on suppose que les forces volumiques extérieures (poids du liquide) sont négligeables par rapport au gradient de pression ($\underline{f} = 0$). On modélise la veine par un cylindre infini et l'on remplace alors les données effectives p_1, p_2 et L par celle de la chute linéique de pression $r > 0$ définie par $-r = \frac{(p_2 - p_1)}{L}$. On cherche alors une vitesse u_i (dans la direction du tuyau, les autres composantes étant nulles) solution du problème de Navier-Stokes qui se réduit alors à $\frac{\partial p}{\partial x_1} = \mu\Delta u_1$, les autres dérivées partielles de p étant nulles. p ne dépend donc que de x_1, cependant que u_1 ne dépend que de x_2 et x_3 (identiquement), on a donc $\frac{\partial p}{\partial x_1} = 2\mu\frac{\partial^2}{\partial^2 x_2}(u_1) =$ constante $= -r$. Finalement, compte-tenu de la condition d'adhérence, le problème se réduit à chercher la vitesse d'écoulement U en fonction de la distance l au centre de la conduite en résolvant l'équation différentielle ordinaire :

$$2\frac{d^2 U}{dl^2} = -\frac{r}{\mu} \tag{2.9}$$

avec la condition $U(\pm a) = 0$, où a est le rayon de la conduite, et dont la solution est parabolique $r > 0$ (Comolet, 1976 ; Brunier, 2010).

2.2 Transmission de la chaleur dans un fluide

Dans les deux lois de conservation : celle de la masse et celle de la quantité de mouvement, la température du fluide a été supposée connue et constante (au moins en première approximation). Or on sait que les variations de température entraînent des dilatations et que ceci engendre en particulier dans les fluides des mouvements de convection (l'air chaud, plus léger a tendance à monter et à laisser sa place à l'air plus froid). De même les coefficients caractéristiques d'un milieu dépendent de la température (par exemple l'huile chaude est plus fluide que l'huile froide). Inversement, les frottements internes ou externes au cours d'un mouvement engendrent des variations de température. Tout ceci montre que les variations de pression, masse volumique, de vitesse ou déplacement et de température sont couplées. Il est donc nécessaire d'introduire de nouvelles relations pour tenir compte de ce couplage.

Nous avons deux principes fondamentaux de la thermodynamique : loi de conservation de l'énergie et la croissance irréversible de l'entropie d'un système, que nous n'utiliserons pas explicitement ici, ainsi que la caractéristique du milieu. Elles traduiront d'une part l'expression de l'énergie en fonction des variables thermodynamiques du milieu et les lois de dissipation du milieu, qui sont des lois de comportement.

2.2.1 Conservation de l'énergie

La conservation de l'énergie s'écrit localement (dans Σ domaine de l'espace occupé par le fluide) :

$$\rho \frac{d\mathrm{E}}{dt} = \underline{\underline{\sigma}} : \underline{\underline{\nabla U}} - \underline{\nabla}.\underline{Q} + r \tag{2.10}$$

où $\mathrm{E}(\underline{x}, t)$ désigne l'énergie interne spécifique du milieu,

$\underline{Q}(\underline{x}, t)$ est le flux de chaleur,

$r(\underline{x}, t)$ est une densité volumique définissant un taux de chaleur fourni par des éléments extérieurs au milieu considéré. Ce terme appelé "source" est une donnée du problème et sera considéré nul dans notre cas.

Les termes $\frac{1}{\rho}\underline{\underline{\sigma}} : \underline{\underline{\nabla U}}$ et $\frac{1}{\rho}(r - \underline{\nabla}.\underline{Q})$ apparaissant dans le second membre de l'équation (2.10) après division par ρ, sont respectivement le taux d'énergie spécifique dû aux efforts intérieurs et le taux de chaleur spécifique reçu.

$$\frac{1}{\rho}\underline{\underline{\sigma}} : \underline{\underline{\nabla U}} = \frac{1}{\rho}\underline{\underline{\sigma}} : \underline{\underline{\varepsilon}} : \tag{2.11}$$

car $\underline{\underline{\sigma}}$ symétrique.

La condition aux limites associée à cette loi de conservation de l'énergie est :

$$Q = -\underline{Q}.\underline{n} = w - \underline{F} - \underline{V} \qquad sur \qquad \partial\Sigma \tag{2.12}$$

w est le taux de chaleur surfacique fournit par l'extérieur de Σ au point frontière considéré,

$\underline{F}$ est la densité surfacique d'efforts de contact (pressions, frottements) exercés par l'extérieur de Σ au point frontière considéré,

$\underline{V}$ désigne la vitesse relative du milieu par rapport à la paroi.

$\underline{F}.\underline{V}$ est donc l'énergie dissipée par frottement sur la paroi.

2.2.2 Lois de comportement thermomécanique d'un fluide

On cherche à généraliser la loi de comportement (voir formule (2.3)) pour qu'elle rende également compte de la relation entre les contraintes et les caractéristiques thermodynamiques du fluide, comme le flux de chaleur et la température. On va le faire en caractérisant la diffusion de l'énergie dans le milieu due aux effets (supposés découplés) de la viscosité du fluide et de la conduction thermique du fluide. Dans la loi de comportement (2.3), le terme $\underline{\underline{\tau}} = \lambda \Sigma_{k=1}^{3} \underline{\underline{\epsilon}}(u) \underline{\underline{\delta}} + 2 \mu \underline{\underline{\epsilon}}(u)$ représente les contraintes visqueuses et aboutit, via l'équation de conservation de l'énergie (2.10), à définir une diffusion d'énergie d'origine purement mécanique : $\Sigma_{i=1}^{3} \Sigma_{j=1}^{3} \underline{\underline{\tau \epsilon}}$ dite de dissipation visqueuse.

Pour préciser le terme de dissipation thermique, on adopte souvent en première approximation la loi de conduction de Fourier qui de façon générale s'écrit :

$$Q = \underline{\underline{K}} \nabla T \tag{2.13}$$

où le tenseur de conduction thermique $\underline{\underline{K}}$ dépend en général de la température. En fait, dans le cas d'un milieu isotrope, cas des fluides en général : $\underline{\underline{K}} = k\underline{\underline{I}}$ donc :

$$Q = -k \underline{\nabla} T \tag{2.14}$$

Dans ce cas, on peut montrer que le terme de dissipation thermique Φ_{th} s'écrit :

$$\Phi_{th} = \frac{k}{T} |\underline{\nabla} T|^2 \tag{2.15}$$

Cas particulier d'un fluide visqueux, homogène, incompressible, à chaleur spécifique constante : Equation de chaleur

La donnée des coefficients de dissipation k et μ, supposés généralement constants quand le fluide est incompressible, suffit pour définir le comportement qui s'écrit :

$$\begin{aligned} \underline{\underline{\sigma}} &= -p\underline{\underline{I}} + 2\mu \underline{\underline{\epsilon}} \\ \underline{\underline{\tau}} &= 2\mu \underline{\underline{\epsilon}} \end{aligned} \tag{2.16}$$

La relation d'incompressibilité $\underline{\nabla}.\underline{U} = 0$ tient lieu de loi d'état car elle implique en particulier : ρ_0=constante.

Il suffit donc de connaître E(T), ou ce qui revient au même, la chaleur spécifique du fluide. Si elle est constante et égale à c, on a : E = cT.

On a vu que le système d'équations de Navier-Stokes permet la détermination de $\underline{U}$ et du gradient de p. Les effets thermiques sont bien découplés des effets mécaniques. En l'absence de source de chaleur ($r = 0$), l'équation de l'énergie (2.10) s'écrit, compte-rendu des relations précédentes :

$$\rho_0 c \frac{dT}{dt} = 2\mu \underline{\underline{\epsilon}} : \underline{\nabla U} + k\Delta T \tag{2.17}$$

soit

$$\rho_0 c \frac{\partial T}{\partial t} - k\Delta T + \rho_0 c \underline{U}.\underline{\nabla}T = 2\mu \underline{\underline{\varepsilon}} : \underline{\underline{\nabla}}U \tag{2.18}$$

moyennant des conditions initiales et aux limites adaptées (notamment du type de (2.12)). Cette relation permet de déterminer T lorsque U est préalablement calculé par résolution de Navier-Stokes.

EQUATION DE PENNES

Sommaire

3.1 Définition

La première équation biothermique a été développée par Pennes en 1948 (Pennes, 1948). Cette équation est controversée. Pendant des années, elle fût l'objet de critiques de la part de certains et défendue par d'autres.

Malgré toutes ces controverses et critiques, la plupart des analyses mathématiques réalisées en transfert biothermique ont été et sont basées sur cette équation.

Il y a deux mécanismes caractérisant les transferts de chaleur dans les organismes vivants :

- le flux sanguin

- le métabolisme

Avant toute étude, il faut déterminer l'échelle à laquelle on souhaite définir la distribution de chaleur, à cause de la diversité en taille du réseau sanguin.

Le modèle de Pennes s'avère le plus efficace dans une échelle allant du millimètre à quelques centimètres (Weinbaum et Jiji, 1985; Rubinsky, 2009).

3.2 Hypothèses

Pennes a fait l'hypothèse que dans un volume d'étude donné, le transfert de chaleur, q_p, entre le sang et le tissu, est proportionnel à la différence de température entre le sang artériel (entrant dans le volume d'étude) et le sang veineux (sortant).

$$q_p = w(\rho C)_b (T_a - T_v) \tag{3.1}$$

L'indice b est réservé aux coefficients thermiques relatifs au sang. Le facteur w est le taux de perfusion.
Pour relier la température du sang veineux, T_v, aux températures du sang artériel, T_a, et du tissu, T_t, Pennes a introduit le coefficient k' tel que :

$$T_v = T_t + k'(T_a - T_t) \tag{3.2}$$

Lorsque $k' = 0$, l'équilibre thermique est complet, le sang sort du tissu à la température T_t. Lorsque $k' = 1$, il n'y a pas de variation de température du sang passant dans le volume d'étude (le sang sort du tissu à la température artérielle).

Le métabolisme est aussi inclus dans l'équation biothermique comme une distribution de source de densité de puissance :

$$Q_{met} = Q_{met}^o Q_{10}^{\frac{T_o - T}{10}} \tag{3.3}$$

où Q_{met}^o est le métabolisme de base à 37^oC en $[W.m^{-3}]$,
Q_{10} est le coefficient de dépendance en température compris entre 2 et 3 et
T_o est prise à 37^oC.

3.3 Transport thermique dans le tissu

L'équation biothermique générale obtenue avec l'équilibre d'énergie pour un volume de tissu est donnée par :

$$\rho C \frac{\partial T}{\partial t} - \underline{\nabla} k_t . \underline{\nabla} T = w\rho_b C_b (T_a - T_v) + Q_{met} \tag{3.4}$$

où $\rho C \frac{\partial T}{\partial t}$ est la puissance stockée $(W.m^{-3})$,
$\underline{\nabla} k_t . \underline{\nabla} T$ est la puissance transférée par la conduction $(W.m^{-3})$,
k_t est la conductivité thermique du tissu,
$w(\rho C)_b (T_a - T_v)$ est le transport de chaleur par perfusion $(W.m^{-3})$,

et Q_{met} est la génération de puissance interne métabolique (W.m^{-3}).

La perfusion est importante dans le cas d'exposition de longue durée où les flux de chaleur sont faibles. Elle doit être incluse dans le modèle de la peau (Barker *et al.*, 2003; Baish *et al.*, 2009). Le taux de perfusion sanguine est important et unique pour le transfert biothermique. On constate que le sang est une source volumique de chaleur qui est uniformément distribuée dans le tissu (Shitzer et Eberhart, 1985).

Dans un contexte plus global, il s'agit de déterminer dans quelle mesure le sang contribue à l'évacuation de la chaleur générée dans le corps par métabolisme vers le milieu extérieur en passant par la peau. La démonstration est effectuée en utilisant la formulation de l'équation de Pennes. Après résolution de l'équation de Pennes, il a été démontré que le sang joue un rôle effectif dans l'évacuation de la chaleur dans le tissu.

(Yong-Gang et Liu, 2007) ont couplé l'expérimentation et la modélisation numérique à partir de l'équation de Pennes pour montrer qu'on peut mesurer la perfusion sanguine à partir de l'élévation de la température.

Ils en ont conclu qu'un accroissement de flux de chaleur correspond à une perfusion plus importante, car le corps humain essaie de réduire la température en augmentant le flux sanguin.

3.4 Lois d'échanges avec l'extérieur

En biomécanique, le transfert de chaleur joue un rôle important.

Il y a trois modes principaux du transfert de chaleur :
– la conduction,

– la convection et

– le rayonnement.

C'est la température qui provoque le transport et le transfert de l'énergie thermique.

3.4.1 Par conduction

Celui-ci se produit au sein d'une même phase :
– au repos ou mobile

– en présence d'un gradient de température.

Dans un milieu homogène, isotrope et de température non uniforme, l'expression reliant le gradient de température, la nature de la conductivité du milieu et la quantité de chaleur transférée (selon une direction OX) s'écrit :

$$\phi(X) = -k.A.\frac{\partial T}{\partial X} \tag{3.5}$$

où $\phi(X)$ en [W] représente le flux de chaleur (quantité de chaleur par unité de temps) transféré suivant la direction OX,

k en [W.m^{-1}.K^{-1}] la conductivité thermique du milieu,

A en [m^2] l'aire perpendiculaire à la direction du déplacement de la chaleur.

Les isothermes sont perpendiculaires aux lignes de flux de chaleur. L'expression vectorielle de la densité de flux de chaleur s'exprime par :

$$\underline{\varphi} = \frac{\phi}{A} = -k.\underline{\nabla}T \tag{3.6}$$

La loi de Fourier est valable, localement, quel que soit le type de milieu (solide, liquide ou gazeux) (Quintard *et al.*, 2008).

3.4.2 Par convection

Ce transfert de chaleur s'opère entre une surface solide ou fluide et un fluide.

On distingue deux types de convection, qui induisent le mouvement du fluide :

– la convection forcée est entraînée par une circulation artificielle (pompe, turbine,...) d'un fluide ;

– la convection naturelle est un phénomène de la mécanique des fluides, qui se produit lorsqu'un gradient de température induit un mouvement dans le fluide.

L'échange convectif entre une surface chaude (à la température T_p) et un fluide (à la température T_∞) s'exprime selon la loi de Newton sous la forme :

$$\underline{\varphi}.\underline{n} = h(T_p - T_\infty) \tag{3.7}$$

où n est le normal à la surface et h est appelé coefficient d'échange par convection (W.m^{-2}.K^{-1}).

Il est primordial de noter que l'échange de chaleur entre le fluide et la surface solide, se fait par conduction et que cette dernière est emportée plus loin par le fluide (Batchelor, 1967). On peut ainsi écrire au niveau de cette paroi l'équation :

$$h(T_p - T_\infty) = -k_f * (\frac{\partial T}{\partial X})_f \tag{3.8}$$

où $(\frac{\partial T}{\partial X})_f$ représente le gradient de température au sein d'une faible couche du fluide en contact direct avec la surface solide et k_f désigne la conductivité thermique du fluide.

Lorsqu'un fluide s'écoule, une partie du transfert de chaleur s'y fait également par conduction et, dans le cas d'un fluide transparent, le transfert par rayonnement peut accompagner les deux précédents.

3.4.3 Par rayonnement

Ce transfert est dû aux phénomènes électromagnétiques. Chaque corps peut émettre et absorber du rayonnement thermique. Ainsi, deux corps de températures différentes transfèrent de la chaleur, par rayonnement : le corps le plus chaud émet plus de chaleur qu'il en absorbe (inversement pour le corps le plus froid) (Bernard *et al.*, 1979; Chassériaux, 1984). A partir de la loi de Planck, on obtient la loi de Stefan-Boltzmann selon laquelle le flux radiatif émis par un corps noir s'exprime sous la forme :

$$\phi = H.A.T^4 \qquad (3.9)$$

où $H = 5{,}67.10^{-8}$ W.m^{-2}.K^{-4} est la constante de Stefan-Boltzmann,
    T représente la température absolue du corps.

Dans notre modélisation, le rayonnement est linéarisé et incorporé dans un coefficient d'échange global, avec la convection.

AUTRES MODÈLES

Sommaire

En raison de la simplicité du modèle de Pennes, beaucoup d'auteurs ont cherché à développer leur propre équation biothermique.

4.1 Modèle de Wulff et Klinger

Ce modèle tente de combler les failles du modèle de Pennes. Wulff et Klinger ont supposé que le transfert thermique entre le sang et le tissu devrait être modélisé pour être proportionnel à la différence de température entre ces deux milieux plutôt qu'entre les deux températures de système sanguin (Wulff, 1974; Klinger, 1974; Minkowycz *et al.*, 2009). Le flux d'énergie à n'importe quel point dans le tissu est exprimé par :

$$q = -k_t \nabla T_t + \rho_b h_b v_h \tag{4.1}$$

où v_h est la vitesse moyenne du sang, T_t est la température tissulaire et h_b est l'enthalpie spécifique du sang. Ce coefficient est défini par :

$$h_b = \int_{T_o}^{T_b} C_b(T_b^*) dT_b^* + \frac{P}{\rho_b} + \Delta H_f(1 - \Phi) \tag{4.2}$$

où

P est la pression du système, ΔH_f l'enthalpie de formation de la réaction métabolique, Φ la mesure de réaction, T_o et T_b sont les températures de référence et du sang.

L'équation de bilan énergétique peut être écrite comme :

$$\rho C_p \frac{\partial T_t}{\partial t} = -\nabla.q = -\nabla.(-k_t \nabla T_t + \rho_b h_b v_h) = \nabla.(k_t \nabla T_t - \rho_b v_h$$

$$(\int_{T_o}^{T_b} C_b(T_b^*)dT_b^* + \frac{P}{\rho_b} + \Delta H_f(1 - \Phi))) \tag{4.3}$$

avec T_t est la température du tissu. L'indice t est pour le tissu.
En négligeant le terme $\frac{P}{\rho_b}$, en supposant la divergence du produit $(\rho_b v_h)$ égal à 0 (sang incompressible) et en assumant des propriétés physiques constantes, l'équation (4.3) peut être simplifiée comme suit :

$$\rho C_p \frac{\partial T_t}{\partial t} = k_t \nabla^2 T_t - \rho_b v_h(C_b \nabla T_b - \Delta H_f \nabla \Phi) \tag{4.4}$$

Puisque le sang circule effectivement dans le tissu, il sera probablement dans l'équilibre thermique avec le tissu environnant.
Wulff et Klinger ont supposé que T_b est équivalent à la température tissulaire T_t.
La réaction métabolique $\rho_b v_h \Delta H_f \nabla \Phi$ est équivalente à Q_{met}.
La forme finale de l'équation biothermique tirée par Wulff et Klinger s'écrit :

$$(\rho C_p)_t \frac{\partial T_t}{\partial t} = k_t \nabla^2 T_t - (\rho C)_b v_h.\nabla T_t + Q_{met} \tag{4.5}$$

4.2 Modèle de Chen et Holmes

Ce modèle est semblable à l'analyse de Wulff et Klinger. Leur analyse est basée sur un modèle micro vasculaire. Chen et Holmes supposent que le volume de contrôle tissulaire total est composé du tissu solide et du volume de sang (Chen et Holmes, 1980), (Minkowycz *et al.*, 2009).
Les équations du bilan énergétique peuvent être écrites comme suit :
– **Phase solide** :

$$dV_s(\rho C)_s \frac{\partial T_s}{\partial t} = dQ_{ks} + dQ_{bs} + dQ_{met} \tag{4.6}$$

– **Phase fluide** :

$$dV_b(\rho C)_b \frac{\partial T_b}{\partial t} = dQ_{kb} + dQ_{bs} + \int_S (\rho C)_b T.v.dS \tag{4.7}$$

Dans l'équation (4.6), les paramètres : ρ_s et C_s sont respectivement la densité du solide tissulaire et la chaleur spécifique, T_s est la température du solide,
dV_s est l'élément de volume de la phase solide,
dQ_{ks} est la puissance transférée par conduction,
dQ_{bs} est le gain de chaleur du sous-volume du sang,

$d\mathrm{Q}_{met}$ est la puissance métabolique.

Les paramètres dans l'équation (4.7) : ρ_b et c_b sont la densité et la chaleur spécifique du sang,
$d\mathrm{V}_b$ est l'élément de volume du sang dans l'espace vasculaire,
$d\mathrm{Q}_{kb}$ est la contribution conductrice,

Le terme intégral est le transfert d'énergie par convection comme le flux sanguin à travers la superficie S à la vitesse v.
Donc, le bilan énergétique tissulaire est tiré par les équations (4.6) et (4.7) et la division du résultat par le volume de contrôle total $d\mathrm{V}$, qui devient :

$$(\rho c)\frac{\partial \mathrm{T}_t}{\partial t} = q_k + q_p + \mathrm{Q}_{met} \tag{4.8}$$

où T_s température du solide est remplacée par la température tissulaire T_t. L'indice t est pour le tissu,

ρ et C sont :

$$\rho = (1-\epsilon_s)\rho_s + \epsilon_s\rho_b \tag{4.9}$$

$$\mathrm{C} = \frac{1}{\rho}[(1-\epsilon_s)\rho_s c_s + \epsilon_s\rho_b c_b] \tag{4.10}$$

où ϵ_s est la porosité de la phase solide,
T_t est la température tissulaire moyenne exprimée comme :

$$\mathrm{T}_t = \frac{1}{\rho\mathrm{C}}[(1-\epsilon_s)(\rho\mathrm{C})_s\mathrm{T}_s + \epsilon_s(\rho\mathrm{C})_b\mathrm{T}_b] \tag{4.11}$$

q_k est la quantité du transfert thermique par conduction par unité de volume,
q_p est l'énergie de la perfusion produite par unité de volume.

Le transfert thermique total par conduction dans le volume de contrôle tissulaire est exprimé par :

$$q_k = \frac{\mathrm{Q}_{ks} + \mathrm{Q}_{kb}}{d\mathrm{V}} = \nabla.(k_{eff}\nabla\mathrm{T}_t) \tag{4.12}$$

où k_{eff} est la conductivité thermique effective des espaces tissulaires et vasculaires combinés.

Ce coefficient s'écrit :

$$k_{eff} = \epsilon_s k_b + (1-\epsilon_s)k_s \tag{4.13}$$

Dans le modèle de Wulff, l'équilibre thermique a été assumé entre le sang et le tissu en chaque point du volume de contrôle. Cependant, Chen et Holmes ont permis au sang dans la matrice tissulaire de circuler à une température différente de celle du tissu. Par conséquent, le transfert thermique convectif à travers la surface en raison du flux sanguin s'écrit comme :

$$q_p = \frac{1}{dV} \int_S \rho_b C_b T \nu dS \cong (\rho C)_b \omega^* (T_a^* - T_s) - (\rho C)_b \nu_p . \nabla T_s + \nabla . k_p \nabla T_s \qquad (4.14)$$

où ν_p est la vitesse moyenne de la perfusion, ω^* est le taux de la perfusion, T_a^* est la température du sang.

Le deuxième terme dans (4.14) signale la perfusion par convection.

Le troisième terme indique le transfert de chaleur par convection dans les milieux poreux.

Le modèle de Chen et Holmes donne une équation qui s'écrit comme suit :

$$(\rho C_p)_t \frac{\partial T_t}{\partial t} = \nabla . (k_{eff} \nabla T_t) + (\rho C)_b \omega^* (T_a^* - T_t) - (\rho C)_b \nu_p . \nabla T_t + \nabla . k_p \nabla T_t + Q_{met} \qquad (4.15)$$

4.3 Modèle de Weinbaum, Jiji et Lemons

C'est un modèle plus complet basé sur l'observation anatomique de Lemons (Weinbaum et al., 1984) dans le tissu périphérique et dans la mesure de température à haute résolution.

La contribution de la perfusion dans le transfert de chaleur est traitée comme un transfert de chaleur dans un milieu poreux et comme un terme de convection unidirectionnel normal au couple artère/veine. La connaissance de densité des vaisseaux, du diamètre et de la viscosité sanguine est nécessaire pour chaque génération de vaisseaux sanguins (Weinbaum et Jiji, 1979), (Minkowycz et al., 2009).

L'équation biothermique a été obtenue en se basant sur l'hypothèse que les veines et les petites artères sont parallèles et que la direction du flux se fait à contre courant, ce qui résulte des effets contre balancés des effets de chaleur et de refroidissement. Il faudrait noter que cette affirmation s'applique particulièrement au tissu intermédiaire de la peau. En négligeant la conduction axiale, les équilibres énergétiques artères/veines s'écrivent comme suit :

$$(\rho C)_b \frac{d}{ds} (n\pi a^2 \underline{U} T_a) = -n q_a - (\rho c)_b (2\pi a n g) T_a \qquad (4.16)$$

$$(\rho C)_b \frac{d}{ds} (n\pi a^2 \underline{U} T_v) = -n q_v - (\rho c)_b (2\pi a n g) T_v \qquad (4.17)$$

où q_a est la perte de chaleur de l'artère par conduction,

q_v est le gain de chaleur par conduction par unité de longueur dans la veine,

T_a et T_v sont les températures moyennes à l'intérieur du vaisseau sanguin,

n est le nombre d'artères ou de veines,

$\underline{U}$ est la vitesse moyenne dans l'artère ou dans la veine,

a est le rayon,

g est le saignement de perfusion par unité de surface,

Le deuxième terme dans (4.16) indique la perte de chaleur du sang artériel en raison du saignement de perfusion.

36

Tandis que dans (4.17), il représente le gain de chaleur par le sang veineux.

Pour une paire de veines, d'artères de taille égale, l'équation peut être écrite :

$$(\rho c)_b[\frac{d}{ds}(n\pi a^2 \underline{U} T_a) - \frac{d}{ds}(n\pi a^2 \underline{U} T_v)] = -n(q_a - q_v) - (\rho c)_b(2\pi a n g)(T_a - T_v) \qquad (4.18)$$

Ce terme peut être équilibré par la conduction et le chauffage métabolique comme suit :

$$(\rho c)_b[\frac{d}{ds}(n\pi a^2 \underline{U} T_a) - \frac{d}{ds}(n\pi a^2 \underline{U} T_v)] = \nabla.(k_t \nabla T_t) + Q_{met} \qquad (4.19)$$

La forme finale de l'équation peut être obtenue en substituant l'équation (4.18) et (4.19) :

$$(\rho c)_b(n\pi a^2 \underline{U}) \frac{d}{ds}[T_a - T_v] - (\rho c)_b(n2\pi a g)(T_a - T_v) = \nabla.(k_t \nabla T_t) + Q_{met} \qquad (4.20)$$

ou

$$(\rho c)_b(n\pi a^2 \underline{U}) \frac{d}{ds}[T_a - T_v] = \nabla.(k_t \nabla T_t) + (\rho c)_b \omega^{'}(T_a - T_v) + Q_{met} \qquad (4.21)$$

avec $\omega^{'} = (n2\pi a g)$. Ce terme ressemble apparemment au terme de perfusion de Pennes, avec $(T_a - T_v) = (T_a - T_t)$

Ce modèle de Weinbaum, Jiji et Lemons a montré que la majeur partie des transferts de chaleur est due à la chaleur de saignement de perfusion entre les couples artère/veine.

Plusieurs hypothèses ont été formulées :

- conservation du flux de masse entre l'artère et la veine,

- perfusion spatialement uniforme,

- prépondérance du transfert de chaleur dans le plan normal des couples artère/veine par rapport à la direction longitudinale du couple, ce qui entraîne une anisotropie dans le comportement thermique,

- expression linéaire de la température le long de la direction radiale du plan normal,

- température à la jonction artère/veine égale à la moyenne des températures de l'artère et de la veine,

- température du sang sortant des capillaires et entrant dans les veines égale à celle du sang des veines.

4.4 Modèle de Weinbaum-Jiji

Weinbaum et Jiji ont simplifié l'équation (4.18) pour étudier l'influence du flux sanguin sur la distribution tissulaire de température (Weinbaum et Jiji, 1985), (Minkowycz *et al.*, 2009). La température tissulaire moyenne peut être approchée par :

$$T_t \cong \frac{T_a + T_v}{2} \qquad (4.22)$$

Ils ont supposé que :

$$q_a \cong q_v = \sigma_f k_t (T_a - T_v) \qquad (4.23)$$

où σ_f est un facteur de forme géométrique donné par :

$$\sigma_f = \frac{\pi}{\cosh^{-1}(\frac{L_s}{a})} \qquad (4.24)$$

$\frac{L_s}{a}$ indique le rapport de l'espacement au diamètre de la veine.
L'équation de la différence de température du sang artériel et veineux s'écrit :

$$T_a - T_v = -\frac{\pi a^2 \underline{U} (\rho C)_b}{\sigma_f k_t} \frac{dT_t}{ds} \qquad (4.25)$$

En substituant l'équation (4.25) dans l'équation (4.20), on obtient une nouvelle équation comme suit :

$$\frac{n\pi^2 a k_b}{4 k_t} Pe (\frac{2g Pe}{\sigma_f \underline{U}} \frac{dT_t}{ds} - \frac{d}{ds} [\frac{a Pe}{\sigma_f} \frac{dT_t}{ds}]) = \nabla.(k_t \nabla T_t) + Q_{met} \qquad (4.26)$$

où Pe est le nombre de Peclet, qui est défini comme $Pe = \frac{2a(\rho C)_b \bar{u}}{k_b}$ et k_b la conductivité du sang.

Conclusion

Les modèles présentés dans ce chapitre mettent en évidence les failles du modèle de Pennes. Comme le modèle de Wulff et Klinger, il tient compte du caractère directionnel du flux sanguin en incorporant l'aspect convectif du transfert de chaleur par flux sanguin. C'est un modèle continu composé de deux domaines, les gros vaisseaux et le tissu. Chen et Holmes ont mis au point un modèle des effets thermiques des différents vaisseaux sanguins en fonction de l'architecture, de la géométrie et des caractéristiques du flux sanguin. Quant à sa limitation, ce modèle est plus représentatif de la réalité que celui de Pennes, mais il comporte des termes qui peuvent se révéler inaccessibles. Par exemple, sans informations sur v_p, qui est la vitesse moyenne de la perfusion, son influence est ignorée. Chen et Holmes se rapprochent donc de la formule de Pennes. Les limitations du modèle de Weinbaum-Jiji viennent de la difficulté d'application et que les diamètres des artères et des veines sont égaux. Ce modèle a mené au développement d'un modèle simplifié.

Finalement, dans notre étude, nous avons fait le choix d'utiliser le modèle de Pennes, même si le terme de perfusion est exprimé de manière élémentaire. Ce choix a été motivé par les remarques ci-dessus et surtout car pour le type de sollicitations thermiques que nous avons étudiées, la perfusion sanguine n'a que très peu d'influence.

MODÈLE D'ENDOMMAGEMENT

5.1 Généralités sur l'endommagement

5.1.1 Ses mécanismes

En biomécanique, la caractérisation mécanique *in vivo* des matériaux biologiques est toujours difficile. Il est difficile d'une part d'isoler les tissus pour faire des essais, car leurs épaisseurs sont trop petites, et d'autre part il est impossible de les conserver à l'état vivant (Fung, 1996). De plus, la peau possède une structure composite. Par conséquent, la caractérisation directe des couches cutanées est impossible.

Dans la littérature, plusieurs équipes ont essayé de créer des modèles animaux. (Vogel, 2002) a fait beaucoup d'essais sur la peau des rats (épiderme+derme) *in vitro* et *in vivo* avec différentes conditions physiologiques, sur la même localisation, pour caractériser les propriétés mécaniques de la peau. Son équipe a démontré que les résultats *in vitro* et *in vivo* sont comparables chez les rats. Henriques et Moritz furent les premiers à s'intéresser à la conductivité thermique et la brûlure de la peau. Ils calculèrent la relation température/temps et établirent que l'endommagement est une fonction du taux de dénaturation des protéines et du temps d'exposition à une température donnée (Aksan, 2004). La brûlure est une des pathologies de la peau humaine. Elle est une lésion causée par un transfert de chaleur par conduction, par convection et par radiation ou rayonnement (Museux, 2010).

(Lawson *et al.*, 1961) utilisèrent la thermographie sur des brûlures. Ils ont montré un rapport de 90% entre l'observation clinique et la thermographie. (Mladick *et al.*, 1966; Hackett, 1974; Mason *et al.*, 1981) ont confirmé que la thermographie est précise pour estimer la profondeur de la lésion mais l'explication des images thermographiques n'est pas entièrement maîtrisée. Ils ont testé sur trente patients brûlés depuis moins d'une semaine. Ils enregistraient automatiquement les images pendant 10 minutes en utilisant la thermographie.

Ils ont observé une différence de couleur des zones (1er degré en rouge et 3ème degré en bleu). Ils ont constaté que la différence de température entre la peau saine et la peau endommagée était faible. Le 2ème degré n'était pas repéré.

Wyllie et Sutherland en 1991 ont montré que cette méthode présente de nombreux inconvénients. Ils ont constaté que la thermographie est inadéquate pour des lésions localisées aux visages, pieds, mains ... (Wyllie et Sutherland, 1991).

(Berger *et al.*, 1975) ont fait une comparaison des résultats par thermographie sur l'homme et le chien. Ils ont examiné 28 brûlures sur 12 patients. Sur des chiens anesthésiés et rasés, ils ont fait 12 brûlures expérimentales à l'aide d'une pièce électrique chauffée. Ils ont effectué un enregistrement sur un diamètre de 8 mm à des intervalles de temps (5 minutes, 1 heure, 1 jour). Seulement les brûlures superficielles ont été observées. Elles se différencient sous forme d'une zone hyperthermique par rapport au tissu sain.

Beaucoup d'auteurs comme (Montagna et Yung, 1964; Vardaxis *et al.*, 1997; Middelkoop *et al.*, 2004; Chen *et al.*, 2005; Swindle et Smith, 2008; Museux, 2010) ont fait des expérimentations de brûlure sur le porc. Ils ont constaté que la peau de porc est semblable à celle de l'homme. La profondeur du tissu endommagé et le temps d'exposition jouent un rôle important pour identifier la classification de la brûlure. Avec des essais chez les animaux, on peut observer immédiatement l'évolution de la lésion après la brûlure, en utilisant la thermographie. Dans une durée de 10 à 15 minutes, la zone exposée est hyperthermique. Mais 30 minutes plus tard, la lésion est hypothermique. Par contre, au bout de 3 jours, on n'observe aucun changement. Mais ces études scientifiques provoquent des questionnements d'éthiques. Effectivement, elles sont souvent mal perçues par les populations (Museux, 2010).

L'endommagement est provoqué par l'invasion des fluides d'ouverture. La hausse de température entraîne la dégradation des couches superficielles. Pour calculer l'endommagement, les chercheurs ont utilisé une loi d'Arrhenius qui caractérise la dénaturation et la coagulation du collagène. Le taux de dénaturation a été évalué par calorimétrie différentielle (Aksan, 2004; Minkowycz *et al.*, 2009).

5.1.2 Processus d'endommagement

Ce processus dans les cellules et les tissus est généralement quantifié par des modèles cinétiques basés sur un processus de premier plan. Il s'agit de caractériser la transformation pathologique à des états spécifiques par des modifications observables telles que la coagulation. Le processus d'endommagement est estimé en utilisant une équation du taux d'endommagement de type Arrhenius. La quantification par le modèle d'Henriques prévoit le degré de dommages tissulaires. Mais, selon (Mazur, 1984), il est difficile de conclure que toutes les cellules ont été tuées dans la région définie.

Les cellules sont plus sensibles à la chaleur après le processus de pré-refroidissement. Leur taux de survie suite au processus de congélation peut être prévu selon les mécanismes.

5.2 Mesure de l'endommagement

5.2.1 Endommagement tissulaire

L'endommagement thermique débute par une température de tissu supérieure à 44°C (Takala *et al.*, 1973; Dagan *et al.*, 1986) . Sa modélisation est difficile, parce que le domaine de la température est tridimensionnel et non uniforme. En plus, les propriétés de la peau sont hétérogènes et anisotropes (Shitzer et Eberhart, 1985).

Henriques et Moritz ont été les premiers à publier un modèle de brûlure de la peau. Ils ont affirmé que le dommage produit peut être représenté comme un taux de processus chimique relatif à un temps d'exposition à une température donnée (Henriques et Moritz, 1947; deBree *et al.*, 1996; Barker *et al.*, 2003).

Les chercheurs (Moritz et Henriques, 1947) ont fait une étude ayant pour but principal d'obtenir des informations sur les effets de l'hyperthermie de durée variable sur la peau humaine. Leur approche directe aurait été de faire toutes les expériences sur des sujets humains. Ceci n'étant pas faisable, ils ont donc décidé d'établir d'abord les seuils de température et de temps correspondant aux degrés de blessure cutanée par des expériences sur un animal ayant une peau semblable à celle de l'homme. Ensuite, ils ont cherché des moyens pour exposer de façon critique la peau humaine afin d'établir la mesure à laquelle les données animales plus complètes sont applicables à l'homme. L'eau a été employée comme source de chaleur dans toutes les expériences.

Aucune différence appréciable n'a été trouvée entre la potentialité produisant la blessure sur la peau animale ou humaine tant que la température et la durée d'exposition étaient les mêmes. Ils ont montré qu'il existe le même processus mécanique, en termes de vascularisation, pour transférer la chaleur du corps à la surface et faciliter sa dissipation, ou pour la conduire à l'intérieur et augmenter la température interne du corps.

Par ailleurs, la perte d'eau de la peau d'un porc vivant ne diffère pas significativement de celle d'un animal mort (Moritz et Henriques, 1947). Ils ont constaté que la peau du porc n'était pas uniformément sensible à la blessure thermique.

Les réactions aux expositions d'intensité ou de durée insuffisante pour causer la destruction complète de l'épiderme ont été désignées comme premier degré. Des réactions cutanées spécifiques de la destruction de l'épaisseur de l'épiderme sur le secteur cible entier ont été désignées comme deuxième ou troisième degré selon la profondeur à laquelle la blessure irréversible a été évaluée.

5.2.2 Taux d'endommagement tissulaire

Celui-ci sert à évaluer et à quantifier le dommage subi par la peau suite à une brûlure (Jyoti *et al.*, 2005; Minkowycz *et al.*, 2009).

On peut évaluer le taux d'endommagement du tissu par :

$$\frac{d\Omega}{dt} = \xi * exp(-\frac{\Delta E}{RT})$$

(5.1)

où $d\Omega$ est la mesure quantitative du dommage de brûlure,

ξ est le facteur de fréquence en [s^{-1}]. Il peut prendre des valeurs entre $1,8.10^{51}$ et $2,2.10^{124}$ [s^{-1}] (Weaver et Stoll, 1969),

ΔE est l'énergie d'activation de la peau. Elle admet des valeurs entre $3,222.10^{8}$ et $7,784.10^{8}$ [J.kmol^{-1}],

R est la constante universelle des gaz 8.315 [J.mol^{-1}.K^{-1}] et T la température absolue [^{o}K] (Moritz et Henriques, 1947).

L'intégration de l'équation s'écrit :

$$\Omega(t) = \int_{0}^{t} \xi * exp(-\frac{\Delta E}{RT})dt$$

(5.2)

Ω est l'endommagement. Il est sans unité (Moritz et Henriques, 1947; Takala *et al.*, 1973).

Le tableau 5.1 présente les valeurs de ξ et ΔE dans la littérature.

Sources	ξ [s^{-1}] $\geq 50^{o}$C	ξ [s^{-1}] $< 50^{o}$C	ΔE [J.kmol^{-1}] $\geq 50^{o}$C	ΔE [J.kmol^{-1}] $< 50^{o}$C
Moritz et Henriques [1947]	$3,1.10^{124}$	$3,1.10^{124}$	$6,27.10^{8}$	$6,27.10^{8}$
Fugitt [1955]	$3,1.10^{98}$	$5,0.10^{45}$	$6,27.10^{8}$	$2,96.10^{8}$
Weaver et Stoll [1969]	$2,18.10^{124}$	$1,82.10^{51}$	$7,784.10^{8}$	$3,222.10^{8}$
Mehta et Wong [1973]	$1,43.10^{72}$	$2,86.10^{69}$	$4,604.10^{8}$	$4,604.10^{8}$
Takata [1974]	$4,32.10^{64}$	$9,39.10^{104}$	$4,143.10^{8}$	$6,654.10^{8}$
Wu [1982]	$3,1.10^{98}$	$3,1.10^{98}$	$6,27.10^{8}$	$6,27.10^{8}$
Gaylor [1989]	$2,9.10^{37}$	$2,9.10^{37}$	$2,4.10^{8}$	$2,4.10^{8}$
Pearce et al. [1993]	$1,606.10^{45}$	$1,606.10^{45}$	$3,06.10^{8}$	$3,06.10^{8}$

TABLEAU 5.1 – *Valeurs de ξ et ΔE dans la littérature (Moritz et Henriques, 1947; Fugitt, 1955; Weaver et Stoll, 1969; Mehta et Wong, 1973; Takala* et al.*, 1973; Wu, 1982; Gaylor, 1989; Peace* et al.*, 1993).*

5.2.3 Endommagement cellulaire

La vie d'une cellule est supportée par des activités métaboliques diverses. Sa mort peut être induite par une accumulation d'inactivation de réactions différentes et la dénaturation de protéines chromosomiques (Dewey *et al.*, 1977), alors que les dégâts de chaque réaction ou de la dénaturation de protéine suivent aussi la fonction d'Arrhenius (Carstensen *et al.*, 1974; Dewey, 1994; Church, 2007; Minkowycz *et al.*, 2009) :

$$\frac{d\Omega_c}{dt} = \frac{BT}{\wp} \exp^{-\frac{\Delta G}{RT}} \tag{5.3}$$

où $d\Omega_c$ est le taux d'endommagement cellulaire,

B est la constante de Boltzmann,

$\wp$ est la constante de Planck,

ΔG est l'énergie libre de Gibbs, qui est égale à $\Delta H - T\Delta s$,

avec Δs est l'entropie d'inactivation en [$J.K^{-1}.mol^{-1}$] et

ΔH est l'énergie d'inactivation moléculaire.

Ainsi, l'équation (5.3) devient :

$$\frac{d\Omega_c}{dt} = 2,05.10^{10}.T.\exp^{\frac{\Delta s}{2}}.\exp^{-\frac{\Delta H}{2T}} \tag{5.4}$$

5.2.4 Enrichissement du taux d'évaluation de l'endommagement

Le principe d'évaluation de l'endommagement est basé sur la perte de la dénaturation d'enzymes (Rubinsky, 1999) ou sur l'apparition d'un œdème. On peut souligner le travail de Xu et Qian, qui enrichit le modèle de Henriques et Moritz en ajoutant un terme rendant compte de la dénaturation d'enzymes (Rubinsky, 2009) :

$$\frac{d\Omega}{dt} = \frac{\xi \exp^{\frac{G_d}{RT}}}{1 + B\exp^{\frac{-\Delta G}{RT}}} \tag{5.5}$$

Le terme B représente la formation du complexe d'enzyme et la décomposition,

G_d peut être égal à $-\Delta E$ qui est le seuil énergétique de dénaturation et ΔG est la différence entre les énergies de décomposition et de formation des enzymes en [$J.mol^{-1}$] (Rubinsky, 2009).

Cet enrichissement peut être négligé lors de brûlures à hautes températures car il y a une simplification dans l'expression de l'endommagement (Aksan, 2004). Les processus de transport calorifique sont représentés dans les tissus irrigués et la diffusion thermique dans les régions non irriguées. Henriques et d'autres chercheurs ont montré que la classification clinique de la gravité des blessures par brûlure est une fonction non linéaire du taux d'endommagement Ω.

Degré de brûlure	Ω	Effets
Premier	$\geq 0{,}53$	Destruction de l'épiderme. La couche basale est intacte, l'épiderme se régénère sans cicatrice dans les 8 jours.
Second	≥ 1	Destruction de l'épiderme, du derme intermédiaire et de toute la couche basale ondulée. Des îlots intacts de la couche basale subsistent autour des annexes de la peau, la plaie est blanche, souple. La sensibilité à la pression est intacte, mais pas celle à la douleur. La guérison peut se faire spontanément en moins de 3 semaines si les îlots de la couche basale sont en nombre suffisant (par exemple, brûlure du cuir chevelu ou de la face).
Troisième	$\geq 10^4$	La peau est totalement détruite, la lésion peut atteindre le tissu sous-cutané (muscle ou os). La plaie est brune jaunâtre, sèche et dure, sans sensibilité à la douleur ou à la pression.

TABLEAU 5.2 – *Degré arbitraire d'endommagement du tissu (Moritz et Henriques, 1947; Diller et Pearce, 1999; Ng et Chua, 2002; Mercer et Sidhu, 2005).*

Ce tableau 5.2 représente le degré arbitraire d'endommagement du tissu.

CONCLUSION PARTIE I

La peau est assurément un organe à l'interface entre les organismes vivants et l'environnement. Ses propriétés quantitatives varient selon les sites anatomiques du corps humain, et dépendent de l'âge et du sexe. La connaissance de ses propriétés thermomécaniques présente un intérêt pour le diagnostic des maladies cutanées, y compris la brûlure.

Anatomiquement, la peau humaine est un tissu conjonctif complexe constitué de trois couches stratifiées : l'épiderme, le derme et l'hypoderme, dont l'épaisseur et la structure biologique sont très différentes.

L'équation de diffusion de chaleur dans un milieu continu a été présentée afin de modéliser l'action de l'écoulement sanguin. Nous avons utilisé la loi d'état d'un milieu incompressible des équations de Navier-Stokes. L'écoulement du sang dans les veines a été considéré comme l'écoulement stationnaire d'un fluide visqueux incompressible dans une conduite cylindrique.

Les problèmes de transfert de chaleur des milieux vivants nécessitent l'évaluation des distributions temporelle et spatiale de la température. Ces questions sont généralement décrites par l'équation de la chaleur dans les milieux vivants de Pennes. C'est un modèle très utilisé encore aujourd'hui malgré la controverse qu'il a engendrée. D'autres modèles ont été présentés comme variantes au modèle de Pennes.

Henriques et Moritz furent les premiers à s'intéresser à la conductivité thermique et aux brûlures de la peau. Celles-ci sont généralement causées par des faits anodins. Mais leurs conséquences peuvent être très lourdes, aussi bien sur le plan physique que psychologique. Il existe différents types de brûlures : par conduction, par convection et par radiation ou rayonnement. On les traite classiquement en utilisant de l'eau.

Les brûlures peuvent engendrer de nombreuses complications. Les lésions, offrant un terrain fertile aux microbes, s'infectent facilement. Plus la brûlure est profonde, plus la circulation sanguine au niveau de cette zone va être diminuée voire nulle et plus l'infection risque d'être grave. Les graves ont souvent des conséquences psychiques sérieuses chez leurs victimes.

Les chercheurs ont utilisé une loi d'Arrhenius pour calculer l'endommagement, qui caractérise la dénaturation et la coagulation du collagène.

Deuxième partie
Cadre expérimental

INTRODUCTION PARTIE II

La circulation du sang joue un rôle important dans la distribution de la chaleur. Avec les techniques expérimentales actuelles (le Doppler, le Laser (DeBoer et Bruynzeel, 1996; Bauer, 2004) , l'imagerie infrarouge (Boué *et al.*, 2007; Chnell et Zaspel, 2008)), les observations sont devenues plus précises. La thermographie infrarouge est une technique non invasive donnant accès avec précision à la température de surface de la peau.

L'équipe thermomécanique des matériaux du Laboratoire de Mécanique et Génie Civil (LMGC) a comme activité de recherche l'étude des lois de comportement des matériaux solides. Elle dispose de caméras infrarouges qui permettent de suivre l'évolution de la température sur la surface des objets. C'est ainsi qu'à l'aide de la caméra, nous avons pu réaliser une première partie de l'expérience décrite ci-après avec les résultats traités avec le logiciel MATLAB.

Cette étude expérimentale a pour objectif de mesurer l'évolution de la température *in vivo* de la peau humaine. Elle constitue une base de données qui servira de référence aux simulations numériques effectuées par la suite.

Elle comprendra quatre chapitres dont le premier sera consacré aux dispositifs expérimentaux. Nous verrons le déroulement, le principe de l'expérimentation et les différentes étapes de mesures.

Ensuite, dans le deuxième chapitre, nous montrerons le traitement des données expérimentales. Nous présenterons l'évolution de température en fonction du temps. Nous verrons les observations des différents traitements des données expérimentales dans différentes positions et l'analyse des résultats.

Le troisième chapitre traitera de l'étude comparative expérimentale du refroidissement et du réchauffement de la peau entre femme et homme.

C'est dans le dernier chapitre que nous aborderons la mesure de la perfusion. Nous verrons l'objectif et le principe de cette mesure. Enfin, nous verrons la comparaison des résultats avec ceux obtenus par thermocouples.

CHAPITRE **6**

DISPOSITIFS EXPÉRIMENTAUX

Sommaire

Pour les besoins de la modélisation, nous avons réalisé deux campagnes d'essais sur deux dispositifs expérimentaux différents. La première étude expérimentale a été réalisée par thermographie infrarouge. Tandis que la deuxième a nécessité l'emploi d'une machine échographique qui fonctionne par effet Doppler. La première campagne nous a renseignés sur l'évolution de la température de la peau. La seconde a permis d'accéder à certaines données anatomiques des tissus observés et aux vitesses d'écoulement du sang.

6.1 Dispositif infrarouge

6.1.1 Caractéristiques de la caméra infrarouge

L'imagerie infrarouge, ou thermographie, est une méthode qui permet l'acquisition du rayonnement infrarouge lié à la distribution spatiale de chaleur sur les objets examinés, ainsi qu'à la variation de cette distribution dans le temps.

Les caméras infrarouges ont largement évolué ces trente dernières années. Les premières caméras mono détecteurs fonctionnaient grâce à un système de balayage pour couvrir la surface observée (Chrysochoos, 1987; Wyllie et Sutherland, 1991; Louche, 1999; Huon, 2001; Pottier, 2010).

La distribution de luminance infrarouge L(y, z) de l'objet exploré par le balayage de surface S, donne sur le détecteur un signal $s(t)$ dont l'amplitude varie dans le temps en fonction des variations de luminance rencontrées (signal vidéo). Dans notre étude, mais aussi dans (Hackett, 1974; Mason *et al.*, 1981; Pron et Bissieux, 2004; Rouquette *et al.*, 2006; Bouzida *et al.*, 2009; Chrysochoos *et al.*, 2010), la thermographie permet de mesurer la température. Cette dernière est liée ici à la microcirculation cutanée et la macro circulation sous cutanée du sang.

6.1.2 Notion élémentaire de rayonnement thermique

Corps noir

Le corps noir est un objet idéal qui absorbe l'intégralité des rayonnements incidents qu'il reçoit et n'en réfléchit aucun. Il en remet la totalité en exprimant un rayonnement sur toutes les longueurs d'onde régit par la loi de Planck :

$$L_\lambda^{CN} = \frac{C_1}{\lambda^5 \pi [exp(\frac{C_2}{\lambda T}) - 1]} (W.m^{-2} sr^{-1}.m) \tag{6.1}$$

où $C_1 = 3{,}741832.10^{-16}$ W.m^{-2} ; $C_2 = 1{,}438786.10^{-2}$ K.m ; T est la température en K.

Sources de rayonnement

La densité de puissance émise par un corps est constituée l'intensité, la luminance et l'émittance.

L'intensité I est la puissance ($d\Phi$) émise par une source ponctuelle O par unité d'angle solide ($d\Omega$) :

$$I = \frac{d\Phi}{d\Omega} (W.sr^{-1}) \tag{6.2}$$

La luminance L est la puissance émise ($d\Phi$) par unité d'angle solide ($d\Omega$) et par unité de surface apparente ($dS\cos\theta$) d'une source étendue dans une direction donnée (θ, φ) :

$$M = \frac{d^2\Phi}{d\Omega dS cos(\theta)} (W.m^{-2}sr^{-1}) \qquad (6.3)$$

L'émittance M est la puissance émise ($d\Phi$) par unité de suface d'une source étendue, dans tout un hémisphère. Il s'agit donc de la luminance intégrée sur toutes les directions d'un demi-espace (sur un hémisphère).

$$L = \frac{d\Phi}{dS} (W.m^{-2}) \qquad (6.4)$$

La luminance et l'émittance monochromatique sont définies par :

$$M_\lambda = \frac{dM}{d\lambda} \qquad (6.5)$$

$$L_\lambda = \frac{dL}{d\lambda} \qquad (6.6)$$

Si la luminance est la même suivant toute les directions (θ, φ), elle satisfait alors la loi de Lambert, ce qui nous permet d'écrire :

$$M = \pi L \qquad (6.7)$$

Les différents types de source étant maintenant définis, nous allons voir comment se décompose un rayonnement électromagnétique rencontrant un objet.

Un corps noir suit aussi la loi de Lambert.

En intégrant l'équation de Planck sur tout le spectre électromagnétique, nous obtenons la loi de Stefan-Boltzmann :

$$L^{CN} = \frac{\sigma}{\pi} T^4 \qquad où \qquad M^{CN} = \sigma T^4 \qquad (6.8)$$

avec $\sigma = 5,67032.10^8$ W.m^{-2}.K^{-4} la constante de Stefan-Boltzmann.
Ce sont ces deux dernières expressions qui permettent de relier le flux rayonné mesuré par un capteur infrarouge à la température du corps noir observé.

Emissivité

Par définition, l'émissivité d'un corps se mesure en comparant le rayonnement émis par l'échantillon à celui émis par un corps noir à la même température. En général, cette comparaison se réalise à l'aide d'un radiomètre, qui est l'instrument permettant de mesurer un rayonnement.
Si ce rayonnement est enregistré dans la gamme infrarouge (0,8 à 20 μm), on parle de radiomètre infrarouge. Ce radiomètre peut enregistrer le rayonnement suivant une trame déterminée et restituer une image de la scène thermique (Papini et Gallet, 1994; Gaussorgues, 1999).

Matériaux	Émissivité
Corps noir	1
Eau	0.92
Bois	0.90
Peau humaine	0.98

TABLEAU 6.1 – *Valeur d'émissivité de quelques matériaux (Pajani, 1989, 2001).*

L'émissivité dépend de la température (T), de la direction du rayonnement (θ, φ), de l'état de surface et de sa longueur d'onde (λ). Elle est définie par :

$$\epsilon(\lambda, \theta, \varphi, T) = \frac{L_\lambda(\theta, \varphi, T)}{L_\lambda^{CN}(T)} \qquad (6.9)$$

où $L_\lambda(\theta, \varphi, T)$ est la luminance du flux émis dans la direction (θ, φ) par l'objet réel à la température T,

$L_\lambda^{CN}(T)$ est la luminance d'un corps noir à la même température.

On peut négliger la dépendance de l'émissivité par rapport à la direction d'observation (θ, φ). L'équation (6.9) devient :

$$\epsilon(\lambda, \theta, \varphi, T) = \epsilon(\lambda) \qquad (6.10)$$

D'après la loi de Kirchoff, on peut relier l'émissivité au facteur d'absorption :

$$\epsilon(\lambda) = \alpha(\lambda) \qquad (6.11)$$

En thermographie infrarouge, on émet l'hypothèse que le corps est opaque et gris dans la bande spectrale utilisée, c'est-à-dire :

$$\epsilon(\lambda) = \epsilon \qquad (6.12)$$

L'émissivité d'un corps noir est égale à 1. Pour un corps quelconque de température uniforme, la valeur de l'émissivité est inférieure à 1.

Le tableau 6.1 donne la valeur d'émissivité de quelques matériaux, dont la peau humaine (Pajani, 1989, 2001).

6.1.3 Etalonnage de la caméra

L'étalonnage consiste à observer une scène thermique uniforme à différentes températures. Le but est de convertir le signal électrique des capteurs en température. On utilise pour ce faire un corps noir étalon défini ci-dessus.

Les paramètres de l'étalonnage de la caméra sont : la taille de la fenêtre d'acquisition, le temps d'intégration et la fréquence d'acquisition.

Expérimentalement, le corps noir est placé à une distance égale à celle qui était entre l'objet de l'étude et la caméra.

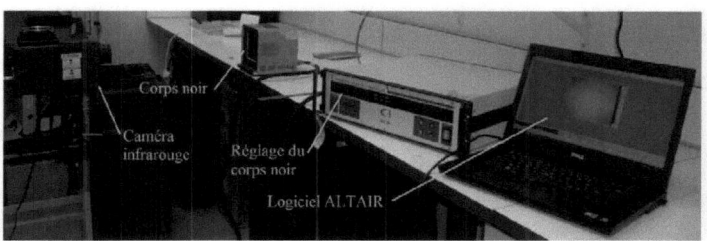

FIGURE 6.1 – *Présentation des matériels pour l'étalonnage.*

La loi d'étalonnage ou courbe d'étalonnage est ensuite approchée par un polynôme de degré 3. Le résultat présenté sur la figure 6.2 est le résultat d'un des étalonnages que nous avons réalisés durant l'une de nos expérimentations. La figure 6.1 présente le dispositif d'étalonnage que nous avons utilisé. Cet étalonnage permet de travailler dans une gamme de température de 5°C à 45°C. Dans le cadre de ce travail, la fréquence d'acquisition est fixée. Comme l'émissivité de la peau est égale à 0,98 qui est pratiquement la même que celle de la peau. La surface étudiée est quasi-plane qui suit bien la loi de Lambert. On peut utiliser directement les courbes de l'étalonnage pour les mesures sur la peau.

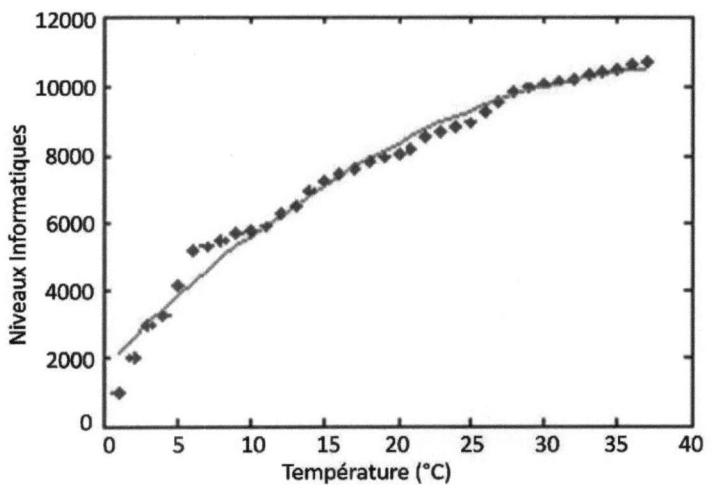

FIGURE 6.2 – *Courbe d'étalonnage.*

6.2 Processus d'expérimentation

6.2.1 Protocole expérimental

L'expérience réalisée a pour objectif de mesurer l'évolution de la température *in vivo* de la peau sur un avant-bras humain. Afin d'imposer une variation de température, nous avons utilisé douze barres d'acier cylindriques. Six d'entre elles ont été mises dans un réfrigérateur tandis que les six restantes ont été mises dans un four à 42°C. Elles y sont restées pendant deux heures. La température de la barre refroidie lors de l'application est égale à 10°C.

Chaque barre cylindrique refroidie ou réchauffée a été posée sur l'avant-bras pendant 20 secondes, puis retirée. Ensuite, l'enregistrement de l'image thermique a été réalisé pendant 90 secondes.

Nous avons traité trois positions de l'avant-bras : une position horizontale, une position verticale ascendante et une position verticale descendante.

L'avant-bras doit être immobilisé pour obtenir des résultats exploitables.

Les températures superficielles ont été mesurées au même emplacement sur l'avant-bras. Cet emplacement est repéré par un cercle tracé au stylo sur la peau (voir figure 6.16). Pour l'analyse, on repère la partie où il y a un passage d'une veine. On s'attend en effet à un réchauffement plus rapide pour atteindre la température d'équilibre, dans cette zone.

En premier lieu, nous avons commencé par l'enregistrement de l'image thermique pendant 3 minutes, sans poser la barre. Ensuite, nous avons entamé l'enregistrement de l'image après la pose de la barre refroidie ou réchauffée.

Lors des mesures, la température de la salle d'expérimentation est mesurée.

La caméra est située à environ 50 cm des points de mesure (voir figure 6.3). On concentre les mesures sur une surface de (10x4) cm^2.

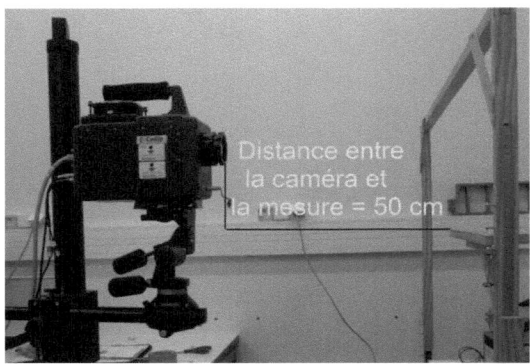

FIGURE 6.3 – *Distance entre la caméra et la mesure.*

Principale méthode mise en œuvre

La principale méthode d'acquisition de champs de température est réalisée par la caméra infrarouge (CIR). Le flux infrarouge est converti en signal électrique par le détecteur. Ensuite, le signal est envoyé à l'ordinateur sous forme de niveaux informatiques (NI). Enfin, l'étalonnage permet de convertir les NI en température (voir figure 6.4).

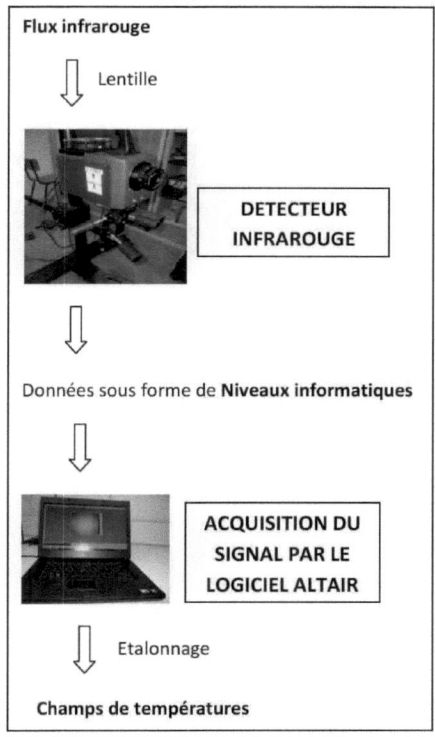

FIGURE 6.4 – *Chaîne d'acquisition de champs de températures.*

Outils nécessaires

– Caméra infrarouge :
  Nous avons utilisé une caméra infrarouge de type Titanium 560 Cedip Infrared Systems, INSB de 3 µ. Elle possède une matrice de détecteurs de 512 par 640 pixels, chaque pixel

a une taille de 30 μ m × 30 μ m. Chaque détecteur renvoie un signal électrique proportionnel au flux de rayonnement reçu. Le signal est ensuite amplifié et numérisé sur 14
bits, soit 16.384 Niveaux Informatiques (notés NI). Le capteur à ondes moyennes opère
dans une bande égale à 3-5 μ m. La caméra infrarouge utilisée a un objectif de distance
focale de 50 mm et une résolution spatiale de 0.15 mm/pixel.

– Barre cylindrique :
Nous avons utilisé des barres d'acier cylindriques de longueur 10 cm et de 2 cm de diamètre. L'extrémité a été posé sur l'avant-bras en température froide ou chaude avant de
réaliser l'enregistrement de l'image thermique.

– Support pour tenir l'avant-bras :
Nous avons utilisé un portique en bois pour immobiliser l'avant-bras pendant la pose
du barreau et l'enregistrement de l'image thermique (voir figure 6.5).

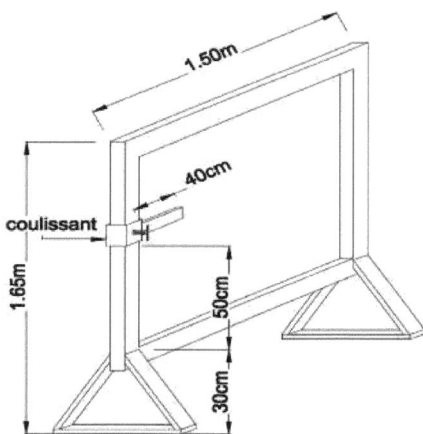

FIGURE 6.5 – *Dimensions du support d'expérimentation.*

– Mousse de protection de la barre cylindrique :
Nous avons utilisé une mousse en éponge avec pour dimensions (20x20) cm^2 et une
épaisseur de 6 cm, pour isoler le barreau lors de la manipulation. Nous voyons sur la
figure 6.6 et la figure 6.7, l'utilisation de cette mousse dans différentes positions pendant
l'expérimentation.

– Thermocouple :
Une centrale d'acquisition par thermocouple a été utilisée pour mesurer la température
des barres cylindriques (voir figure 6.8). Nous avons utilisé une centrale d'acquisition de
la famille SA 32, destinée à mesurer et enregistrer les paramètres issus de capteurs ana-
logiques sur 32 voies, qui permet de programmer de 100 adresses. Ces adresses peuvent
être fixées pour évaluer des voies réelles (dans la limite de la capacité de la centrale : 32

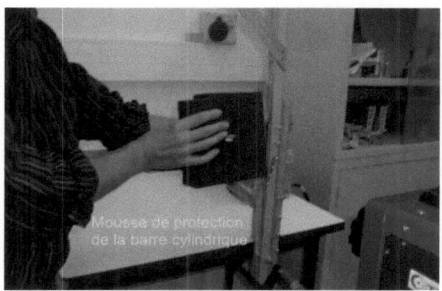

FIGURE 6.6 – *Utilisation de la mousse pour la position horizontale. On aperçoit la barre au centre de la mousse.*

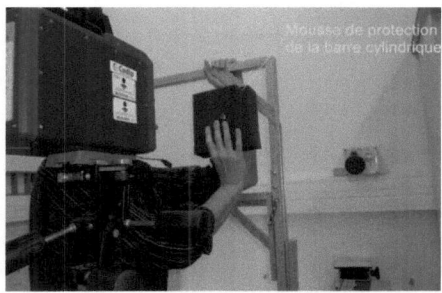

FIGURE 6.7 – *Utilisation de la mousse pour la position verticale ascendante.*

voies max) ou des voies fictives disposées pour faire des calculs.

Différents paramètres à mettre en place

La figure 6.9 montre les différents paramètres à mettre en place avant de commencer l'enregistrement de l'image thermique.

En premier lieu, il faut démarrer la caméra infrarouge 4 heures minimum avant l'expérimentation. Ensuite, il faut régler l'objectif de la caméra et tous les paramètres nécessaires au logiciel d'acquisition ALTAIR (fréquence d'acquisition, temps d'intégration et durée de l'essai). Les barres cylindriques doivent être déposées 2 heures avant dans le réfrigérateur et le four à 42^oC. Après, on trace au stylo, sur la surface de la peau, l'emplacement de la barre. On identifie un point de référence. Pour cela, on colle un adhésif de forme carré de dimension 2x2 cm^2 sur la peau. Il est situé aux environs de 3,8 cm du centre de l'emplacement de la barre. C'est un des sommet du carré qui sert de point de référence. Une fois que tout est en place, on met le bras en position, sur le support devant la caméra (voir figure 6.13).

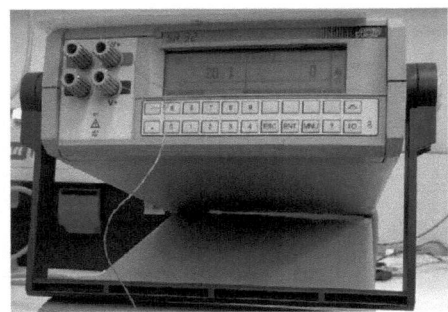

FIGURE 6.8 – *Centrale d'acquisition par thermocouple.*

6.2.2 Déroulement de l'expérimentation

Toutes les étapes ci-dessous sont importantes pour réaliser une expérimentation dans de bonnes conditions. Les préparations avant, pendant et après les mesures sont détaillées dans ce paragraphe.

Avant la phase d'expérimentation

Nous avons commencé par l'installation et la mise en marche de la caméra infrarouge. Ensuite, il faut mettre les barres cylindriques dans le réfrigérateur et le four. Après, il faut préparer le traçage du diamètre de la barre sur la peau, l'emplacement du point de référence. Il faut contrôler également la température de l'air et la distance de la CIR ainsi que ses paramètres (fréquence d'acquisition, temps d'intégration, durée de l'essai) (voir figure 6.10).

Pendant la phase d'expérimentation

Pendant la phase d'expérimentation, trois étapes sont nécessaires :
– Enlèvement de la barre du réfrigérateur ou au four ((14) et (15) sur la figure 6.11)
– Positionnement de la barre pendant 20 secondes sur la zone d'étude ((16) et (17) sur la figure 6.11).
– Enregistrement de l'image thermique pendant 90 secondes ((18), (19) et (20) sur la figure 6.11).

Après la phase d'expérimentation

Une fois que toutes les données sont enregistrées sur l'ordinateur, nous avons vérifié, pour chaque image (sous forme de vidéo sur ALTAIR), si l'influence de la veine qui transporte la chaleur était observable. Nous avons pu regarder également l'évolution de la température à chaque point de contrôle (en Niveaux Informatiques) ((21) et (22) sur la figure 6.12) .

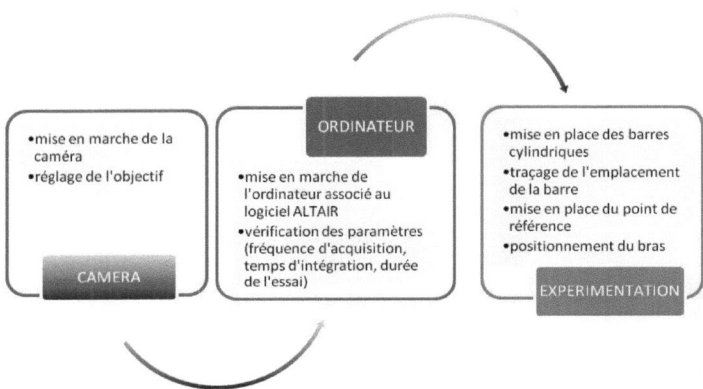

FIGURE 6.9 – *Présentation des différents paramètres à mettre en place.*

Après l'enregistrement de l'image, nous avons fait des mesures de température (barre, bras) avec le thermocouple ((23), (24) et (25)).
Nous avons terminé l'expérimentation par l'étalonnage ((26), (27) et (28)).

6.2.3   Principe de la mesure

Ce paragraphe présente les différentes positions de l'avant-bras, l'emplacement de la barre ainsi que l'identification du point de référence qui nous servira pour le traitement des données avec le logiciel MATLAB.

Présentation des trois positions : sujet masculin et sujet féminin

Nous avons commencé notre mesure par le sujet masculin (voir figures 6.13, 6.14). Nous avons fait également trois positions de l'avant-bras pour un sujet féminin (voir figure 6.15).

Localisation de la zone d'apposition de la barre

La figure 6.16 présente le traçage au stylo $\phi 2cm$ délimitant la zone d'apposition de la barre ainsi que l'adhésif de forme carré servant de repère.

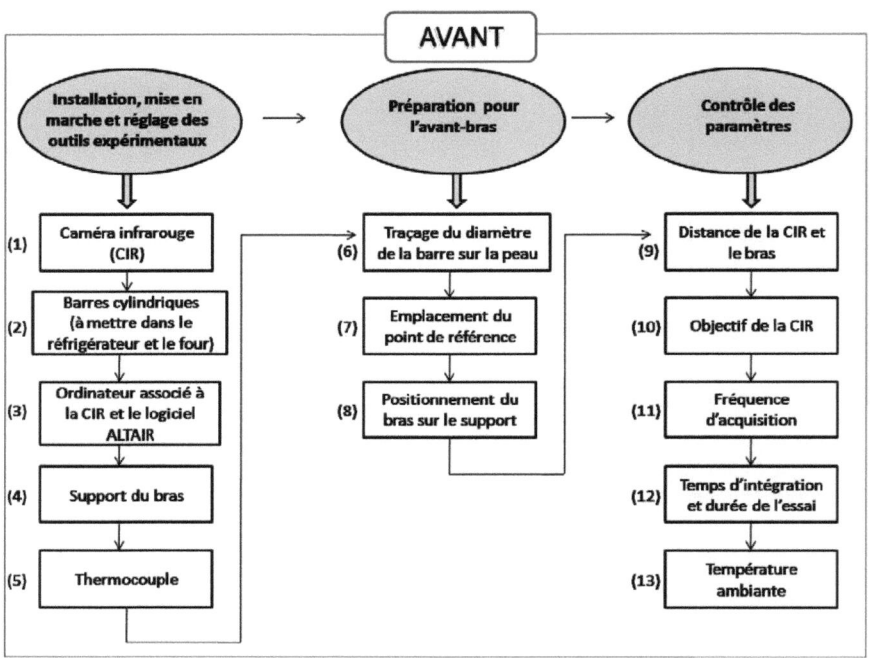

FIGURE 6.10 – *Organigramme des étapes avant l'expérimentation.*

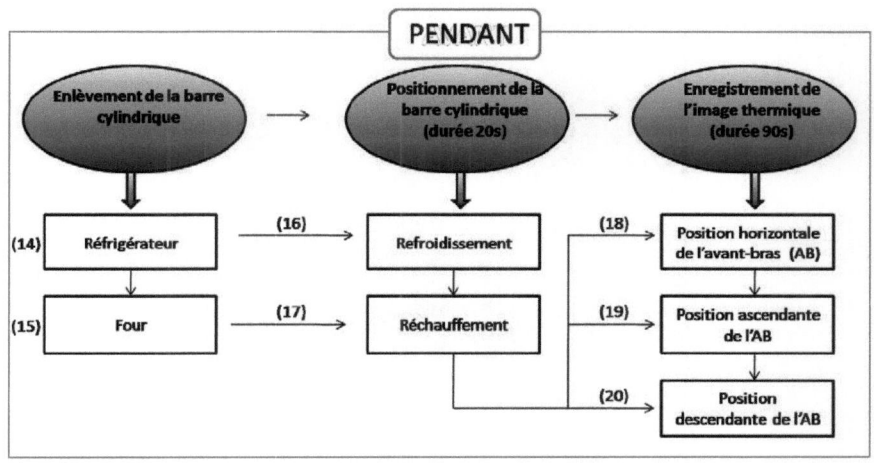

FIGURE 6.11 – *Organigramme des étapes pendant l'expérimentation.*

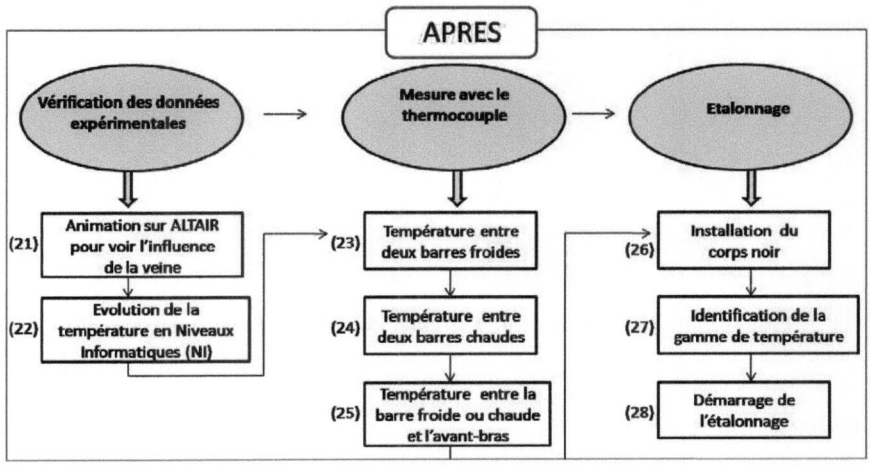

FIGURE 6.12 – *Organigramme des étapes après l'expérimentation.*

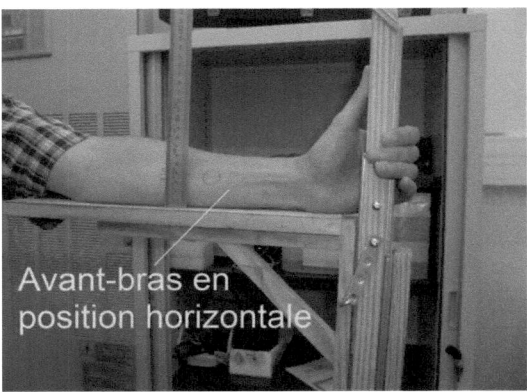

FIGURE 6.13 – *Position **horizontale** : sujet **masculin**.*

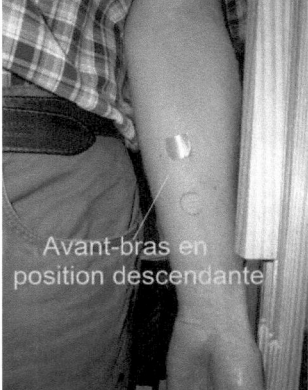

FIGURE 6.14 – *Positions **verticales ascendante et descendante** : sujet **masculin**.*

Enchaînement de mesure

Nous voyons sur la figure 6.17, l'enchaînement de mesure qui montre en détail les succes-sions d'enregistrement avec les intervalles de temps de chaque étape.

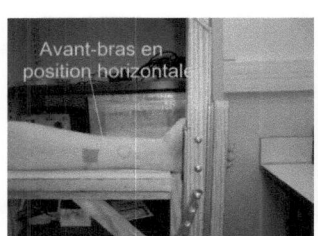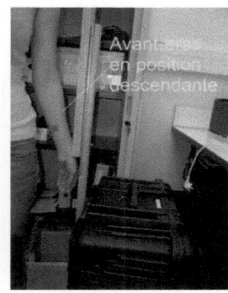

FIGURE 6.15 – *Positions **horizontale** et **verticale descendante** : sujet **féminin**.*

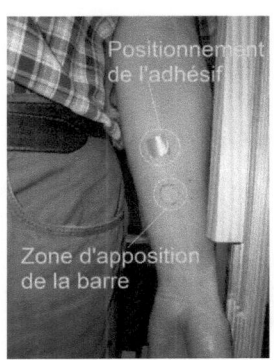

FIGURE 6.16 – *Présentation de l'adhésif pour identifier le point de référence et de la zone d'apposition de la barre.*

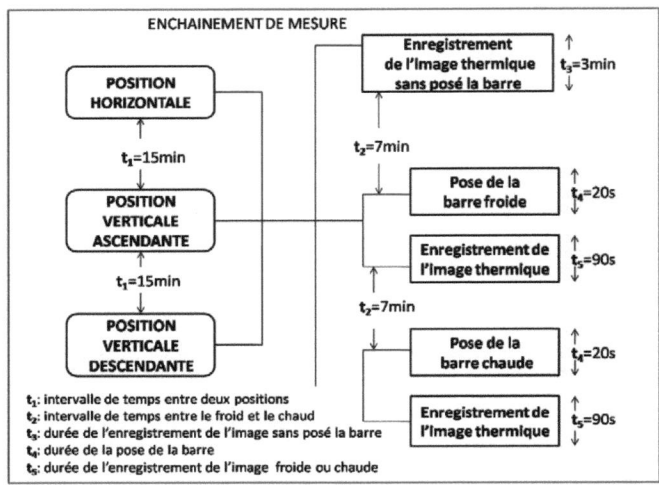

FIGURE 6.17 – *Enchaînement de mesure pour des sujets **masculin** et **féminin**.*

6.3 Dispositif Doppler

L'imagerie médicale s'est beaucoup développée grâce aux progrès technologiques actuels. Elle est très utilisée pour faire de diagnostics fins et précis (Belin et Buisson, 2009).

6.3.1 Caractéristique de la machine

Ce principe d'imagerie utilise les ultrasons qui sont dues à des réflexions de faisceaux d'ondes mécaniques vibratoires. Leurs fréquences sont supérieures à la plus haute fréquence audible à l'oreille humaine.

Nous avons utilisé une machine d'échographie de marque SIEMENS, Sonoline Antares, 7,5 MHz qui fonctionne par effet Doppler, pour obtenir les informations mécaniques et anatomiques manquantes de la veine observée dans les résultats expérimentaux précédents.

Cette campagne d'expérimentation a été menée au CHU (Centre Hospitalier Universitaire) Gui de Chauliac à Montpellier.

6.3.2 Principal objectif du Doppler

En médecine, le Doppler permet entre autres de visualiser la paroi des veines, les thrombus (caillot) à l'intérieur des veines et d'étudier la vitesse des flux sanguins dans les vaisseaux.

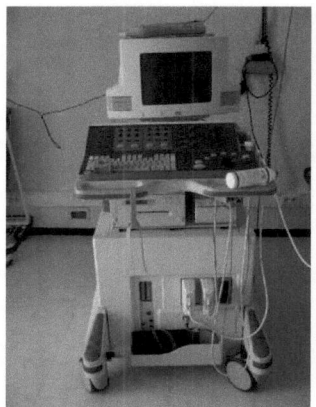

FIGURE 6.18 – *Photo d'un Doppler (Yver, 2006).*

L'étude des flux sanguins permet d'évaluer les conséquences du caillot sur la circulation vei-neuse. Cet examen nécessite l'utilisation d'un gel aqueux pour permettre la transmission des ultrasons et également supprimer les petites cavités d'air qui peuvent apparaître la sonde et la peau (Yver, 2006; Belin et Buisson, 2009).

6.3.3 Principe de fonctionnement du Doppler

Il y a deux phénomènes : la fréquence et le temps de vol.
Le temps de vol permet de déterminer la vitesse du sang. Une sonde émet des ondes ultraso-nores. On envoie une onde à une certaine fréquence et elle va revenir à une autre fréquence puisqu'elle va traverser des matériaux.
L'analyse de la variation de la fréquence des ondes réfléchies reçues par cette même sonde nous a donné les informations sur la structure anatomique (la profondeur, le diamètre des veines).

6.3.4 Paramètres observés

Vitesse du sang

La vitesse du sang a été enregistrée dans la position horizontale et la position verticale ascendante.
– pour la position horizontale :
  Dans la figure 6.20, on observe un signal qui correspond à la vitesse du sang en cm.s^{-1} en fonction du temps. Nous avons pris une vitesse moyenne égale à 2,3 cm.s^{-1} pour cette position.

PRINCIPE DE L'EXAMEN ULTRASONORE
PAR EFFET DOPPLER

FIGURE 6.19 – *Principe de l'examen ultrasonore par effet Doppler (Ansy, 2001).*

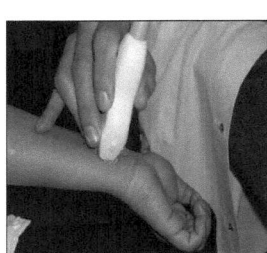 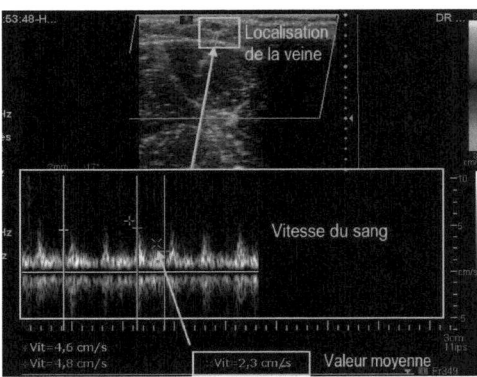

FIGURE 6.20 – *Obtention de la **vitesse du sang** dans la veine pour la position **horizontale**, sujet **féminin**.*

– pour la position verticale ascendante :
La valeur moyenne est d'environ 1,7 cm.s^{-1}, on peut observer une diminution de la vitesse moyenne entre la position verticale ascendante (voir figure 6.21) et la position horizontale.
La profondeur et le diamètre de la veine ont été mesurés pour la position horizontale à partir de cette expérimentation.

Profondeur et diamètre de la veine

D'après la figure 6.22, on observe une mesure de la profondeur de la veine. Elle est égale à 1,8 mm. Le diamètre de la veine est égal à 1,3 mm. C'est ce que l'on peut lire dans la figure 6.23.
Toutes ces données seront utilisées par le modèle numérique développé dans la troisième partie du mémoire.

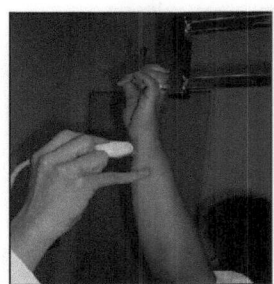
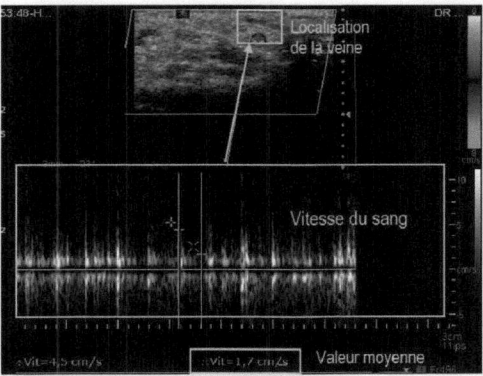

FIGURE 6.21 – *Obtention de la **vitesse du sang** dans la veine pour la position **verticale ascendante**, sujet **féminin**.*

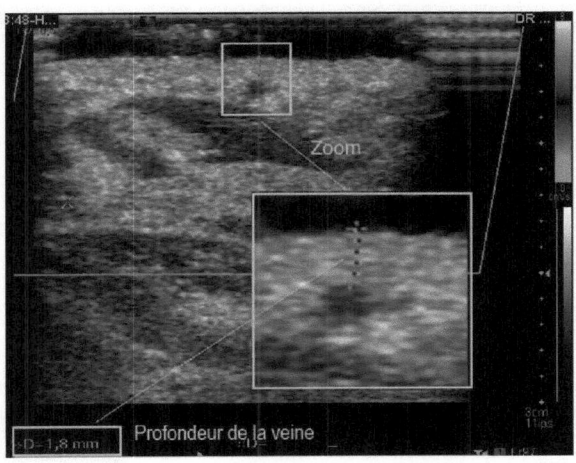

FIGURE 6.22 – *Obtention de la **profondeur de la veine**, sujet **féminin**.*

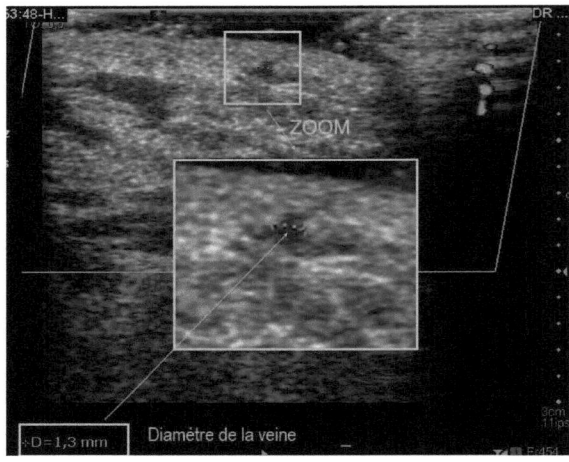

FIGURE 6.23 – *Obtention du **diamètre de la veine**, sujet **féminin**.*

Pour les besoins de la modélisation et de la simulation, d'autres mesures ont été réalisées chez un sujet masculin. La profondeur de la veine a été estimée à environ 1 mm. Le diamètre de la veine est aussi d'environ 1 mm. Seule la vitesse du sang en position horizontale a pu être mesurée (voir figure 6.24). La vitesse d'écoulement du sang en position verticale ascendante n'a malheureusement pas pu être mesurée. Les difficultés de mesures en position verticale viennent de la combinaison de deux facteurs :

– premièrement, la prise de mesure en position verticale est plus difficile pour le radio-logue,

– deuxièmement, la veine se vide de son sang, petit à petit, ce qui rend plus délicat la réflexion des ondes.

La profondeur et le diamètre de la veine étudiée sont respectivement observés dans la figure 6.25.

Notons que la précision des résultats obtenus n'est pas optimale, en particulier pour la vitesse moyenne d'écoulement du sang. Cependant, nous pouvons en déduire un ordre de grandeur et une tendance à la baisse pour la position verticale ascendante par rapport à la position horizontale.

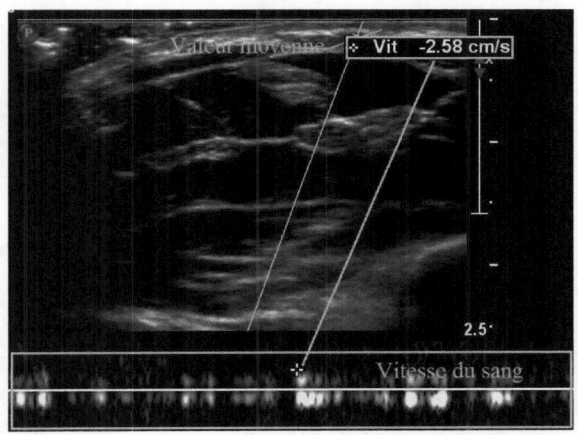

FIGURE 6.24 – *Obtention de la **vitesse du sang** pour la position **horizontale** chez un sujet **masculin**.*

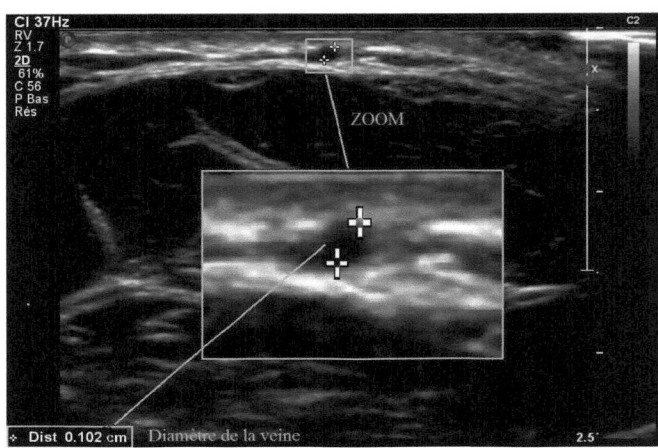

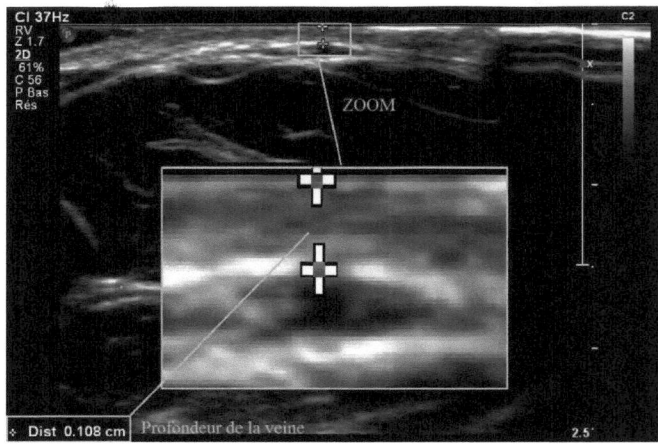

FIGURE 6.25 – *Obtention du **diamètre** (en haut) et de la **profondeur de la veine** (en bas) chez un sujet **masculin**.*

TRAITEMENTS DES DONNÉES EXPÉRIMENTALES DE THERMOGRAPHIE INFRAROUGE

Sommaire

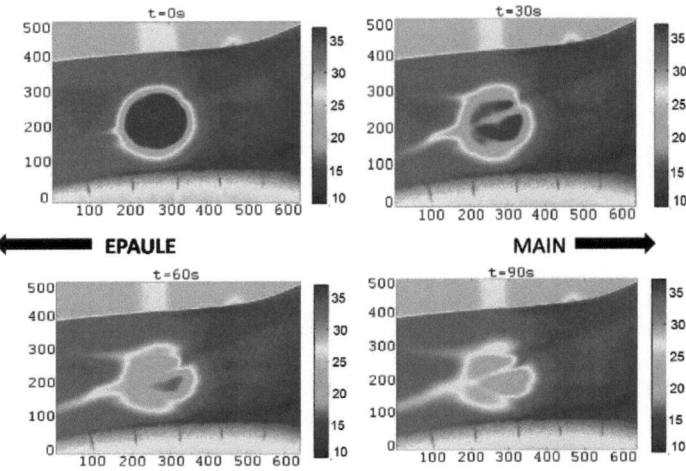

FIGURE 7.1 – *Evolution de la température de la peau pendant l'expérimentation en position* **horizontale**, *barre refroidie.*

Dans ce chapitre, nous présentons les résultats expérimentaux obtenus par thermographie infrarouge. Les mesures ont été réalisées sur différents individus de sexe différent et pour différentes positions de l'avant-bras. Tout d'abord, nous montrons l'évolution de la température pour ces différentes positions. Ensuite, nous présentons les résultats expérimentaux avec des comparaisons entre eux.

7.1 Evolution de la température pour différentes positions

Les figures 7.1 et 7.2 donnent une représentation de l'évolution de la température pendant l'expérimentation en position horizontale (figure7.1) et verticale (figure 7.2). L'enregistrement a été effectué après l'enlèvement de la barre cylindrique refroidie. La température de l'air pendant l'expérimentation est de 21°C. Pour la position horizontale et la position verticale, la première image correspond à t= 0 s après l'enlèvement de la barre cylindrique refroidie. Cette image montre le début de l'enregistrement thermique. On voit au milieu la zone de contact. La deuxième image correspond à t= 30 s. On voit clairement l'influence de la veine qui transporte la chaleur. L'image 3 à t= 60 s, et l'image 4 à t= 90 s qui correspond à la fin de l'enregistrement. Les deux images représentent également l'influence du transport de chaleur dans le tissu humain.

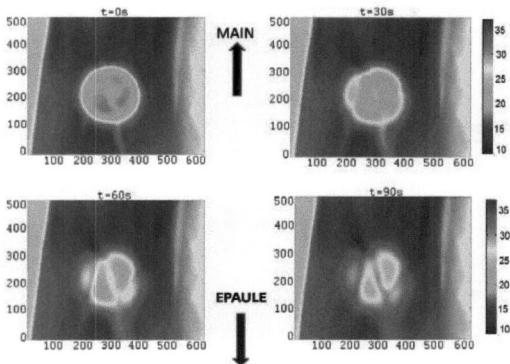

FIGURE 7.2 – *Evolution de la température de la peau pendant l'expérimentation en position* **verticale***, barre refroidie.*

7.2 Présentation et commentaires des résultats expérimentaux

Pour bien suivre le déroulement des résultats expérimentaux, nous présentons sur la figure 7.3 l'organigramme des résultats pour des sujets masculin et féminin.

Trois mesures ont été réalisées.

Les résultats suivants sont des résultats obtenus pour les trois mesures réalisées avec une barre **refroidie**.

7.2.1 Position horizontale avec une barre refroidie

Sujet masculin

Cette mesure a été faite pour un homme âgé de 41 ans. Nous avons sélectionné les sept points de mesure sur l'image de la figure 7.4. Les points 3, 4 et 5 sont situés sous la zone d'application de la barre cylindrique et les points 1, 2, 6 et 7 se trouvent en dehors de la zone refroidie. Les points 2, 4, 6 et 7 sont sous le passage d'une veine. On constate que les points 6 et 7, situés sur le passage d'une veine, ont leur température qui descend rapidement et qui reprend la température d'équilibre.

Pour les points 3 et 5 qui sont situés sous la zone refroidie et sans le passage d'une veine, leur température remonte normalement en fonction du temps.

Pour le point 4 qui se trouve sous la zone refroidie et sur le passage d'une veine, sa courbe a la même allure que celles des points 3 et 5 mais elle commence avec une température plus élevée et se réchauffe plus vite.

Le point 1 se trouve à l'extérieur de la zone refroidie. Il n'y a pas de variation de température.

Enfin, le point 2 qui se trouve en périphérie de la zone refroidie, mais toujours sous le passage

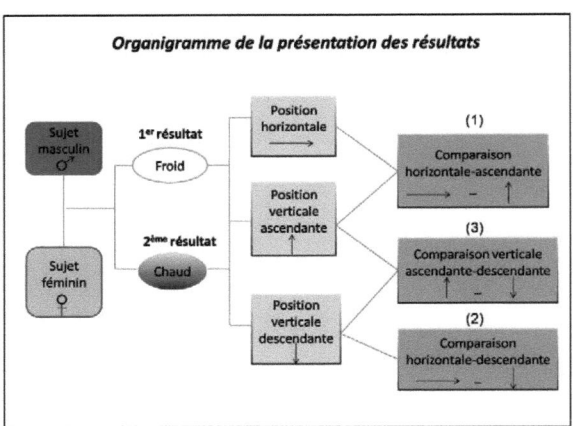

FIGURE 7.3 – *Organigramme de la présentation des résultats.*

d'une veine (voir figure 7.4), sa température varie comme les points 6 et 7, mais le retour à l'équilibre est plus rapide.

Nous avons constaté que, sur cette position, la température initiale est plus élevée.

Remarque sur les symboles utilisés

Dans toute la suite, nous choisissons les mêmes points de contrôle et la même numérotation de ces points. Nous avons pris les conventions suivantes :

– **Points de contrôle**

La figure 7.5 présente les spécificités de localisation des sept points de contrôle que nous avons sélectionnés dans les images expérimentales de l'avant-bras.

– **Symboles**

La figure 7.6 présente les symboles choisis pour tracer les courbes de températures associées à chaque position de l'avant-bras.

– **Echelles de couleurs**

La figure 7.7 présente les échelles de couleurs de l'évolution de température pour les barres refroidie et réchauffée.

Sujet féminin

Nous avons fait ces mesures pour une femme âgée de 30 ans. Nous représentons en premier lieu, les résultats en position horizontale avec la barre refroidie. Comme le sujet masculin, nous avons sélectionné sept points de contrôle sur l'image de l'avant-bras. On observe

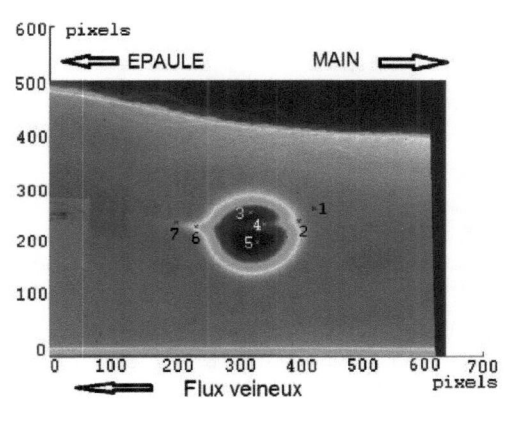

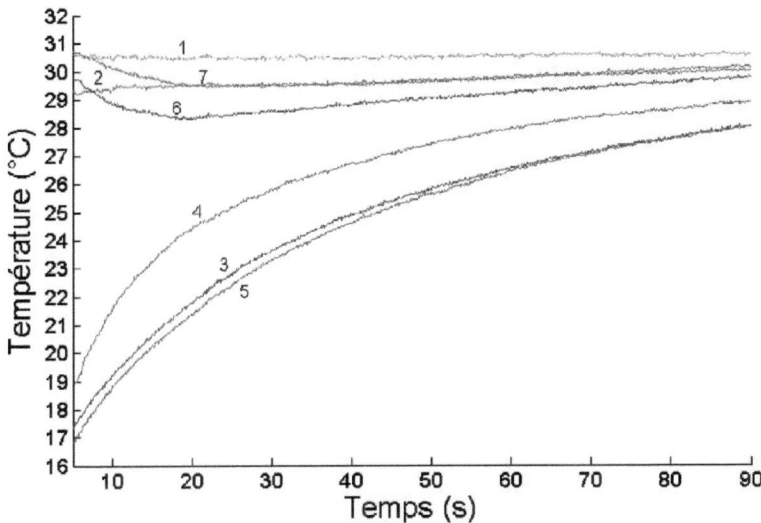

FIGURE 7.4 – *Image expérimentale de l'avant-bras (en haut) et évolution de la température (en bas) pour la position* **horizontale** *: sujet* **masculin** *- barre* **refroidie**.

Point 1 se trouve à l'extérieur de la zone de contact,

Point 2 est situé en périphérie de la zone de contact mais sur le passage en amont de la veine,

Points 3 et 5 sont situés sous la zone de contact mais sans le passage de la veine,

Point 4 se trouve sous la zone de contact et sur le passage de la veine,

Points 6 et 7 sont situés en dehors de la zone de contact mais sur le passage en aval de la veine.

FIGURE 7.5 – *Points de contrôle sur l'image expérimentale.*

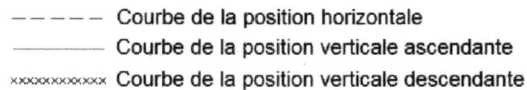

– – – – – Courbe de la position horizontale

——————— Courbe de la position verticale ascendante

xxxxxxxxxxxxxx Courbe de la position verticale descendante

FIGURE 7.6 – *Légendes pour les différentes positions de l'avant-bras.*

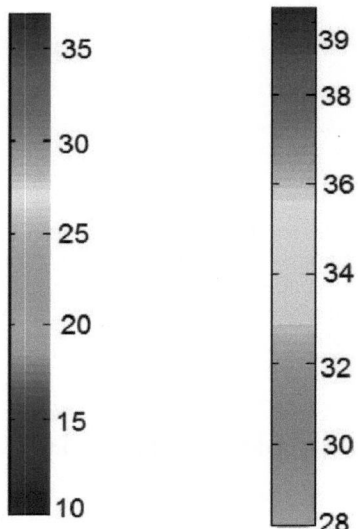

FIGURE 7.7 – *Echelles de couleurs pour l'évolution de température : barres refroidie (à gauche)
- réchauffée (à droite).*

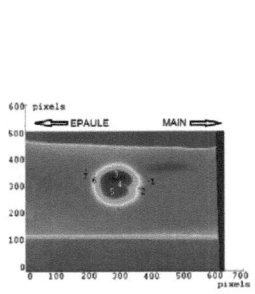 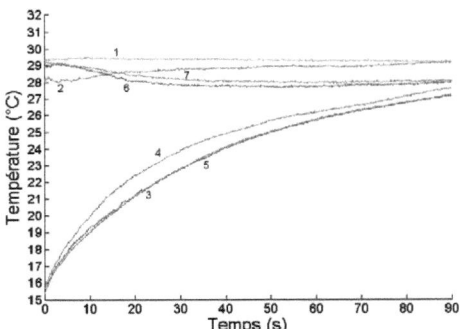

FIGURE 7.8 – *Image expérimentale de l'avant-bras (à gauche) et évolution de la température pour la position **horizontale** : sujet **féminin** - barre **refroidie**.*

que l'allure des courbes pour les points situés sous la zone refroidie est quasiment la même. Pour les points qui se trouvent sous le passage d'une veine mais en périphérie de la zone refroidie, l'allure des courbes est moins variée. Cette situation peut être expliquée par l'effet de la circulation sanguine qui est moins significative pendant l'enregistrement thermique pour le sujet féminin (voir figure 7.8).

7.2.2   Position verticale ascendante avec une barre refroidie

Sujet masculin

Avec la même démarche que la position horizontale, la figure 7.9 correspond à l'image expérimentale de l'avant-bras et l'évolution de la température pour la position verticale ascendante. Les points d'observation sont les mêmes que pour la position horizontale. Le constat est exactement le même par rapport à la position horizontale.

Sujet féminin

La figure 7.10 montre les sept points sélectionnés sur l'avant-bras et l'évolution de la température de ces points pour la position verticale ascendante. Pour cette position, le constat est le même que celui de la position horizontale. Par contre, sur cette position, on constate qu'au début de l'enregistrement de l'image, le bras a bougé.

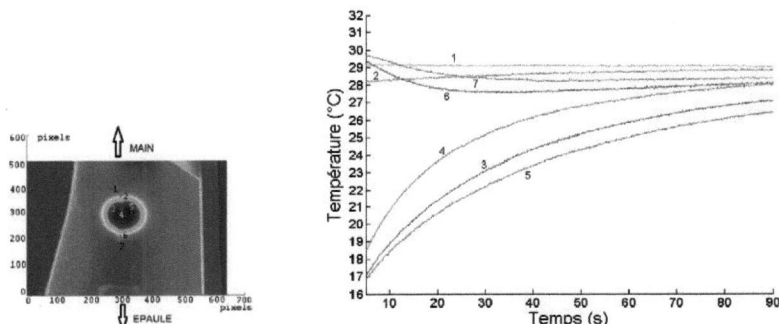

FIGURE 7.9 – *Image expérimentale de l'avant-bras (à gauche) et évolution de la température (à droite) pour la position **verticale ascendante** : sujet **masculin** - barre **refroidie**.*

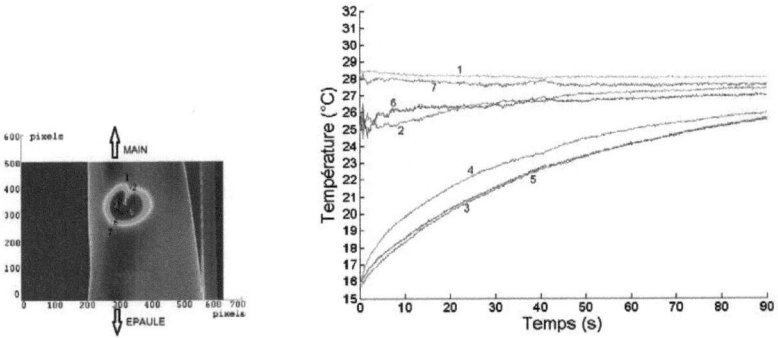

FIGURE 7.10 – *Image expérimentale de l'avant-bras (à gauche) et évolution de la température (à droite) pour la position **verticale ascendante** : sujet **féminin** - barre **refroidie**.*

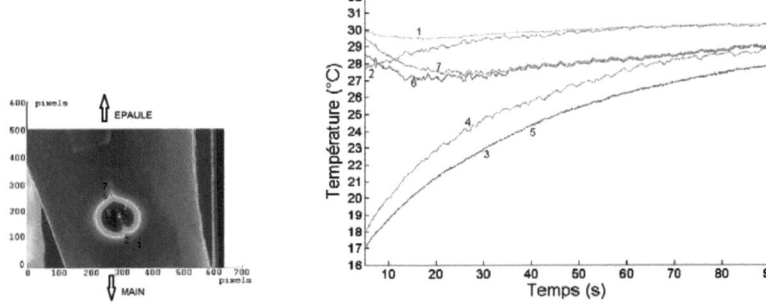

FIGURE 7.11 – *Image expérimentale de l'avant-bras (à gauche) et évolution de la température
(à droite) pour la position **verticale descendante** : sujet **masculin** - barre **refroidie**.*

7.2.3 Position verticale descendante avec une barre refroidie

Sujet masculin

Nous avons regardé aussi l'évolution de la température pour une position verticale descendante. On constate que les courbes sur cette position prennent plus de temps aussi pour
rejoindre la température d'équilibre. Mais la température initiale sur cette position est plus
élevée. D'après la figure 7.11, le point 4 qui est situé sur le passage d'une veine et sous la zone
refroidie, a une température plus élevée que les points 3 et 5.

Sujet féminin

La figure 7.12 montre les sept points sélectionnés et l'évolution de la température pour la
position verticale descendante. On observe une allure des courbes chahutée au début de l'enregistrement de l'image pour tous les points sélectionnés aux alentours de la zone refroidie.
Comme pour la position verticale ascendante, le bras du sujet féminin n'est pas resté immobile.

7.2.4 Comparaison des résultats pour les positions horizontale et verticale
ascendante avec une barre refroidie

Sujet masculin

Nous avons comparé les résultats de ces deux positions aux mêmes points de contrôle.
Sur la figure 7.13, nous voyons la superposition des deux figures 7.4 et 7.9. En observant les
points 3, 4 et 5, on constate que dans la position horizontale, le retour à l'équilibre est plus

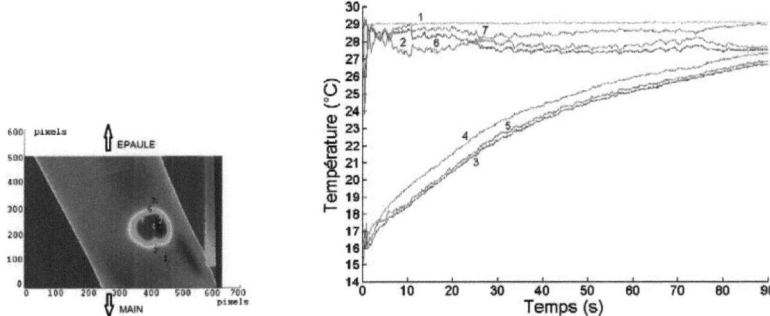

FIGURE 7.12 – *Image expérimentale de l'avant-bras (à gauche) et évolution de la température (à droite) pour la position **verticale descendante** : sujet **féminin** - barre **refroidie**.*

rapide.

Sujet féminin

La figure 7.14 représente la superposition des deux figures 7.8 et 7.10. Pour ce sujet féminin, on observe que le retour à l'équilibre pour la position verticale ascendante est plus lent par rapport à la position horizontale.

7.2.5 Comparaison des résultats pour les positions horizontale et verticale descendante avec une barre refroidie

Sujet masculin

La figure 7.15 montre la comparaison des résultats pour les positions horizontale et verticale ascendante avec une barre refroidie. Par rapport à la position horizontale, on observe également que le réchauffement est plus lent dans la position verticale descendante.

Sujet féminin

D'après cette comparaison (voir figure 7.16), on note que le retour à l'équilibre pour la position horizontale est un peu plus rapide par rapport à la position verticale descendante.

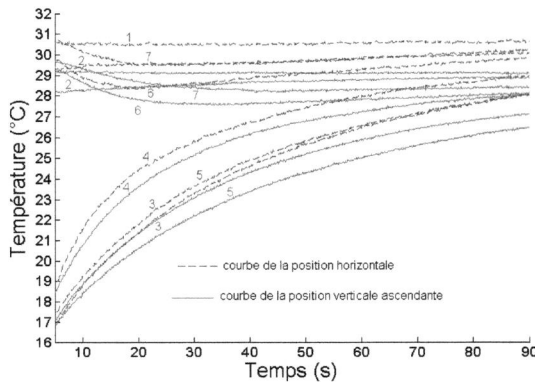

FIGURE 7.13 – *Comparaison des résultats pour les positions **horizontale** et **verticale ascendante** : sujet **masculin** - barre **refroidie**.*

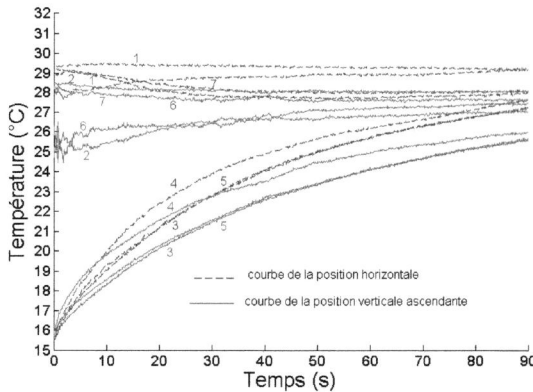

FIGURE 7.14 – *Comparaison des résultats pour les positions **horizontale** et **verticale ascendante** : sujet **féminin** - barre **refroidie**.*

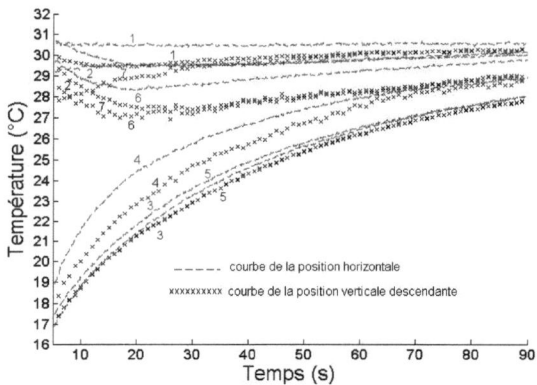

FIGURE 7.15 – *Comparaison des résultats pour les positions **horizontale** et **verticale descendante** : sujet **masculin** - barre **refroidie**.*

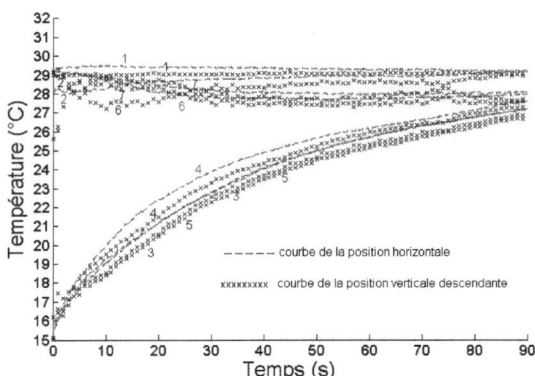

FIGURE 7.16 – *Comparaison des résultats pour les positions **horizontale** et **verticale descendante** : sujet **féminin** - barre **refroidie**.*

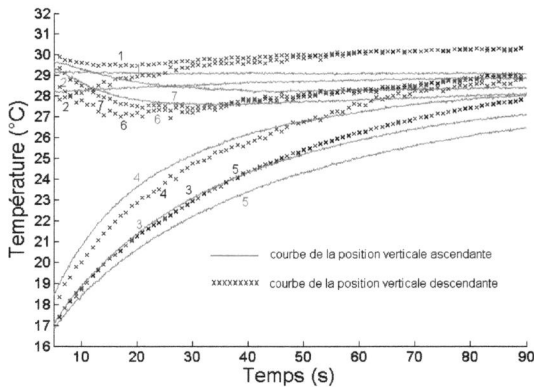

FIGURE 7.17 – *Comparaison des résultats pour les positions **verticales ascendante** et **descendante** : sujet **masculin** - barre **refroidie**.*

7.2.6 Comparaison des résultats pour les positions verticales ascendante et descendante avec une barre refroidie

Sujet masculin

La figure 7.17 montre la superposition des deux figures 7.9 et 7.11. On constate que le réchauffement est plus lent pour la position verticale ascendante.

Sujet féminin

D'après la figure 7.18, on constate que l'allure des courbes pour les deux positions verticales sont relativement proches, juste pour les points situés sous la zone refroidie.

Les résultats ci-après représentent la deuxième série de résultats qui conservent la barre **réchauffée**, pour des sujets **masculin** et **féminin** (voir organigramme des résultats figure 7.3).

7.2.7 Position horizontale avec une barre réchauffée

Sujet masculin

Nous avons sélectionné aussi sept points de contrôle sur l'image expérimentale de l'avant-bras, avec la barre réchauffée (voir figure 7.19). Le point 1 n'a pas de variation de température. Par contre, le point 2 a une température qui remonte rapidement et qui reprend la température d'équilibre. Pour les points 3 et 5, leur température redescend normalement en fonction

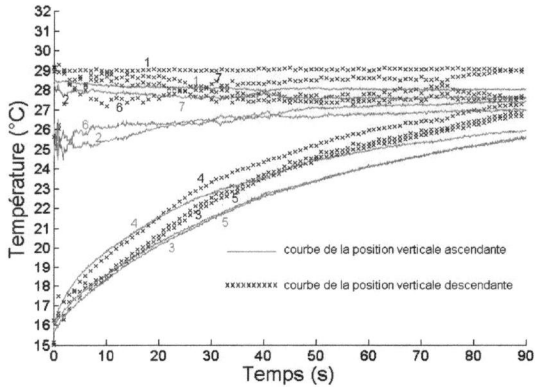

FIGURE 7.18 – *Comparaison des résultats pour les positions **verticales ascendante** et **descendante** : sujet **féminin** - barre **refroidie**.*

du temps. Pour le point 4, sa courbe a la même allure que celles des points 3 et 5 mais elle commence avec une température moins élevée et se refroidit plus vite. Enfin, les points 6 et 7 voient leur température varier comme le point 2, mais le retour à l'équilibre est moins rapide.

Sujet féminin

La figure 7.20 montre les sept points sélectionnés sur l'image de l'avant-bras et l'évolution de la température de ces points pour la position horizontale, pour le sujet féminin, avec la barre réchauffée. Nous pouvons faire les mêmes commentaires que pour le sujet masculin.

7.2.8   Position verticale ascendante avec une barre réchauffée

Sujet masculin

La figure 7.21 correspond à l'avant-bras et l'évolution de la température pour la position verticale ascendante avec la barre réchauffée. La démarche sur cette position est la même que pour la position horizontale. Pour le réchauffement aussi, on note une différence au niveau de l'allure des courbes. Pour la position verticale ascendante, le refroidissement est plus lent.

Sujet féminin

Nous avons sélectionné aussi sept points sur l'image de l'avant-bras (voir figure 7.22). On constate que les courbes des points situés sous la zone réchauffée mais sans le passage d'une

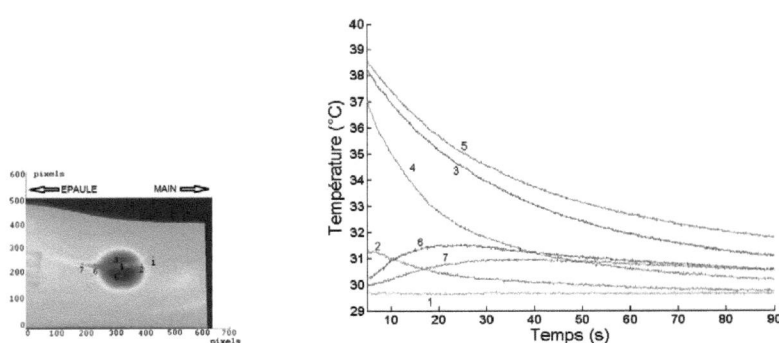

FIGURE 7.19 – *Image expérimentale de l'avant-bras (à gauche) et évolution de la température (à droite) pour la position* **horizontale** : *sujet* **masculin** - *barre* **réchauffée**.

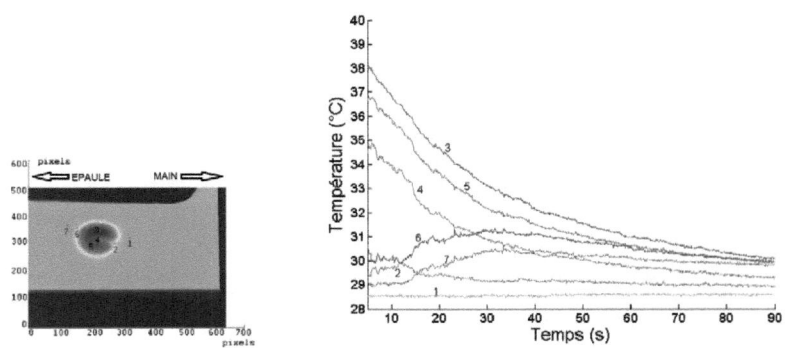

FIGURE 7.20 – *Image expérimentale de l'avant-bras (à gauche) et évolution de la température (à droite) pour la position* **horizontale** : *sujet* **féminin** - *barre* **réchauffée**.

88

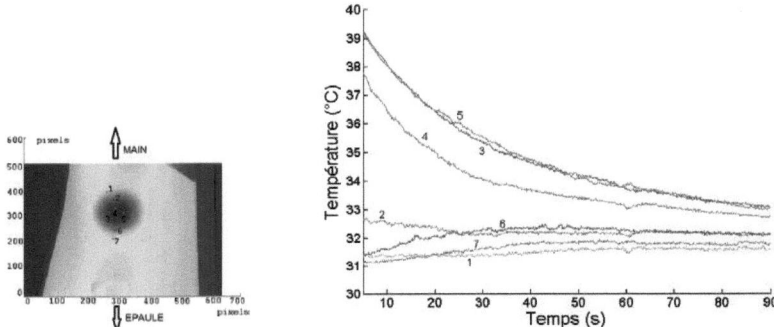

FIGURE 7.21 – *Image expérimentale de l'avant-bras (à gauche) et évolution de la température (à droite) pour la position **verticale ascendante** : sujet **masculin** - barre **réchauffée**.*

veine sont quasiment les mêmes. On observe aussi que la température du point 4, qui est situé sous la zone réchauffée et sur le passage d'une veine, se refroidit plus vite et elle commence à une température moins élevée.

7.2.9   Position verticale descendante avec une barre réchauffée

Sujet masculin

La figure 7.23 correspond à l'avant-bras en position verticale descendante avec la barre réchauffée. Pour cette position, le retour à l'équilibre est moins rapide.

Sujet féminin

Nous avons choisi également sept points de contrôle pour vérifier l'évolution de la température (voir figure 7.24).

7.2.10   Comparaison des résultats pour les positions horizontale et verticale ascendante avec une barre réchauffée

Sujet masculin

Comme pour la barre refroidie, nous avons comparé les résultats dans ces deux positions avec la barre réchauffée. Sur la figure 7.25, nous voyons la superposition des deux figures précédentes (voir figures 7.19 et 7.21). Dans la position horizontale, le retour à l'équilibre est nettement plus rapide.

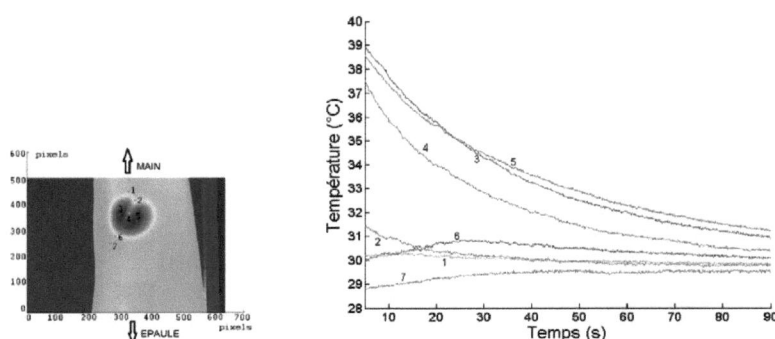

FIGURE 7.22 – *Image expérimentale de l'avant-bras (à gauche) et évolution de la température (à droite) pour la position **verticale ascendante** : sujet **féminin** - barre **réchauffée**.*

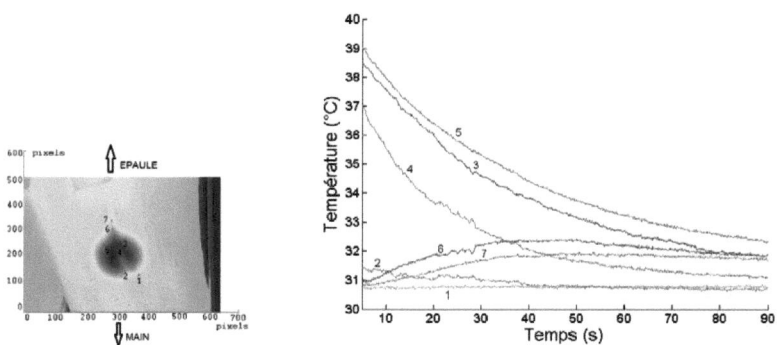

FIGURE 7.23 – *Image expérimentale de l'avant-bras (à gauche) et évolution de la température (à droite) pour la position **verticale descendante** : sujet **masculin** - barre **réchauffée**.*

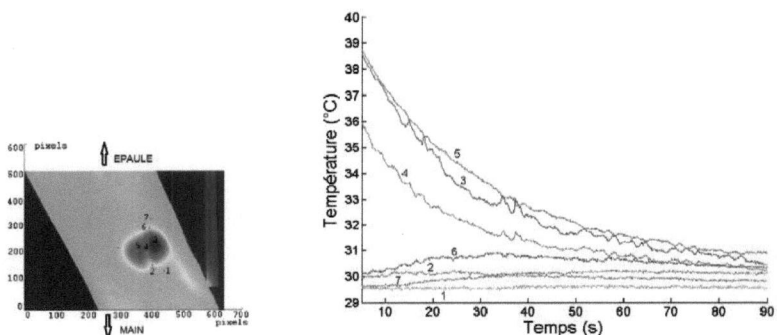

FIGURE 7.24 – *Image expérimentale de l'avant-bras (à gauche) et évolution de la température (à droite) pour la position **descendante** : sujet **féminin** - barre **réchauffée**.*

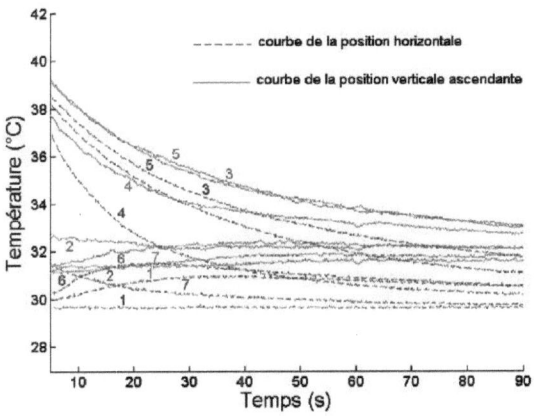

FIGURE 7.25 – *Comparaison des résultats pour les positions **horizontale** et **verticale ascendante** : sujet **masculin** - barre **réchauffée**.*

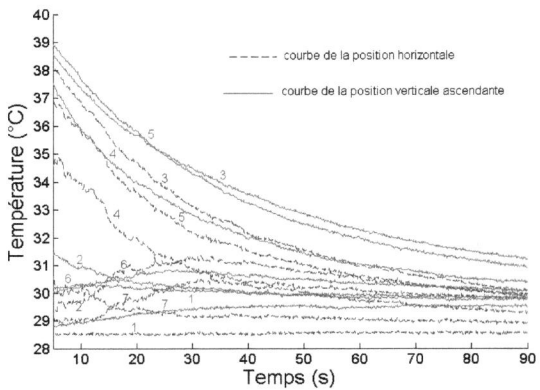

FIGURE 7.26 – *Comparaison des résultats pour les positions **horizontale** et **verticale ascendante** : sujet **féminin** - barre **réchauffée**.*

Sujet féminin

La figure 7.26 représente la superposition des deux figures 7.20 et 7.22. On observe que le retour à l'équilibre est aussi plus rapide pour la position horizontale.

7.2.11   Comparaison des résultats pour les positions horizontale et verticale descendante avec une barre réchauffée

Sujet masculin

La figure 7.27 montre la superposition des deux figures 7.19 et 7.23. On constate aussi que le retour à l'équilibre pour la position verticale descendante est moins rapide par rapport la position horizontale.

Sujet féminin

La figure 7.28 représente la comparaison des résultats pour les deux positions horizontale et verticale descendante. On observe que pour les deux positions, les températures initiales des points situés sous la zone réchauffée sont relativement proches.

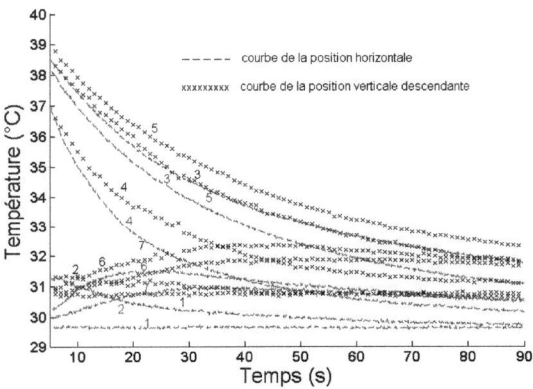

FIGURE 7.27 – *Comparaison des résultats pour les positions **horizontale** et **verticale descendante** : sujet **masculin** - barre **réchauffée.***

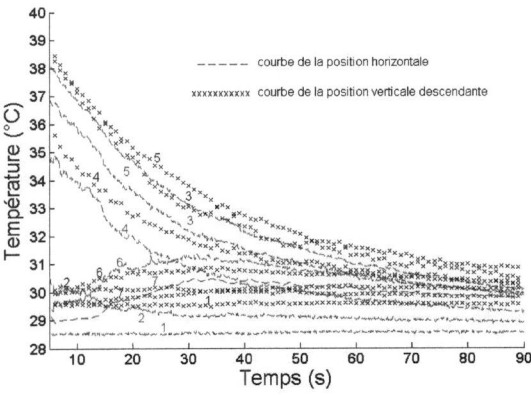

FIGURE 7.28 – *Comparaison des résultats pour les positions **horizontale** et **verticale descendante** : sujet **féminin** - barre **réchauffée.***

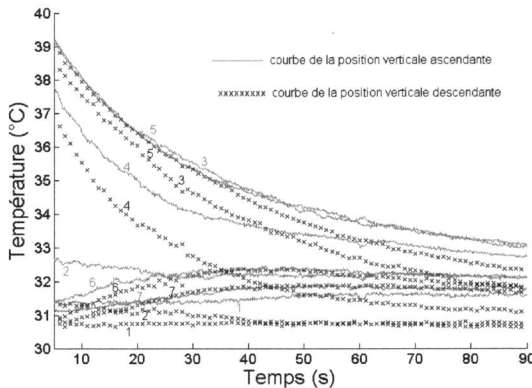

FIGURE 7.29 – *Comparaison des résultats pour les positions **verticales ascendante** et **descendante** : sujet **masculin** - barre **réchauffée**.*

7.2.12 Comparaison des résultats pour les positions verticales ascendante et descendante avec une barre réchauffée

Sujet masculin

La figure 7.29 montre la superposition des deux figures (figures 7.21 et 7.23). On observe que même avec la barre réchauffée, le refroidissement est plus lent pour la position verticale ascendante.

Sujet féminin

Pour les deux positions verticales ascendante et descendante (voir figures 7.22 et 7.24), la figure 7.30 représente leur superposition. Là aussi, le retour à l'équilibre est plus rapide dans la position verticale descendante.

7.3 Interprétations des résultats expérimentaux

Cette campagne de mesures a permis de mettre en évidence l'influence de la circulation sanguine sur la régulation thermique de la peau. On observe plusieurs phénomènes :
– Sur le transport de la chaleur par les veines, que ce soit, pour le sujet masculin ou pour le sujet féminin, la mesure de la température des points 2, 6 et 7 situés sur le passage d'une veine, montre des variations associées au transport de chaleur.

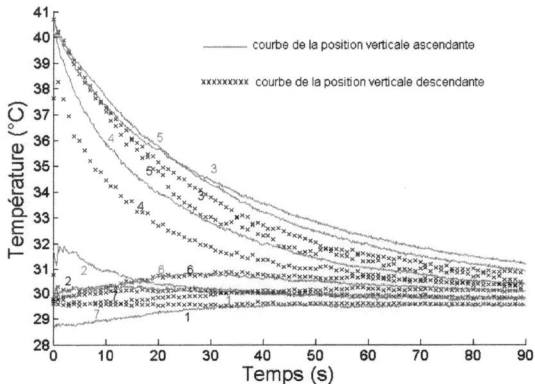

FIGURE 7.30 – *Comparaison des résultats pour les positions **verticales ascendante** et **descendante** : sujet **féminin** - barre **réchauffée**.*

– La méthode consistant à faire varier la circulation sanguine en modifiant la position de l'avant-bras, permet de montrer que le retour à l'équilibre thermique est plus rapide en position horizontale. Il est plus rapide qu'en position verticale descendante qui est lui même plus rapide qu'en position verticale ascendante.

– Les comportements thermomécaniques sont vérifiés aussi bien dans la phase de réchauffement que dans la phase de refroidissement.

Il faut noter aussi que le protocole expérimental que nous avons mis en place permet une assez bonne reproductibilité des résultats. Nous sommes arrivés à obtenir des températures initiales sur la zone de contact égales au degré près.
Ces résultats expérimentaux montrent l'effet de la circulation sanguine sur le comportement thermique de la peau. Il serait donc préférable de tendre le bras à l'horizontal en cas de brûlure.
Ces résultats seront utilisés pour développer le modèle numérique prédictif dans la troisième partie.

CHAPITRE 7. TRAITEMENTS DES DONNÉES EXPÉRIMENTALES DE THERMOGRAPHIE INFRAROUGE

ETUDE COMPARATIVE EXPÉRIMENTALE DU REFROIDISSEMENT ET DU RÉCHAUFFEMENT POUR LES SUJETS MASCULIN ET FÉMININ

Sommaire

Ce paragraphe présente l'étude comparative entre le réchauffement et le refroidissement de la peau pour des sujets masculin et féminin. Tout d'abord, nous présenterons l'étude comparative expérimentale entre le réchauffement et le refroidissement pour le sujet masculin pour trois points de contrôle.

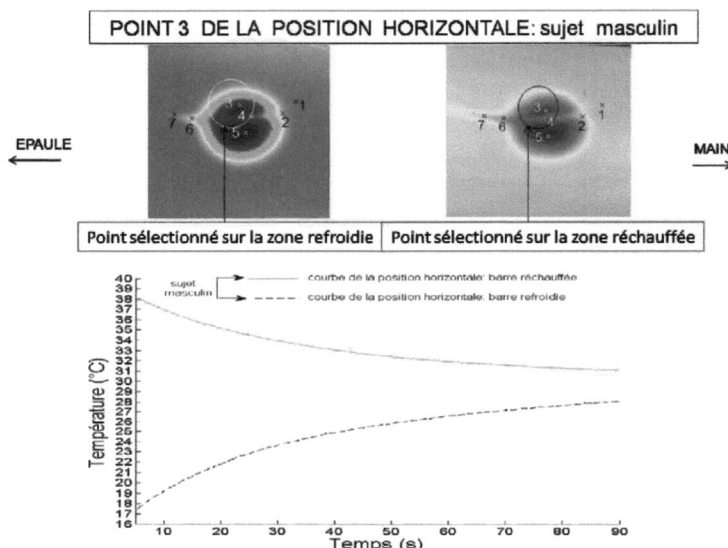

FIGURE 8.1 – *Point 3* *sélectionné et courbes de comparaison en position* *horizontale* : *sujet* *masculin*.

8.1 Etude comparative expérimentale du refroidissement et du réchauffement pour le sujet masculin

8.1.1 Point 3 : sous la zone de contact mais en dehors du passage de la veine

La figure 8.1 représente le point 3 sélectionné sous les zones étudiées, sur l'image de l'avant-bras en position horizontale. Nous voyons également sur cette figure la comparaison des courbes du refroidissement et du réchauffement de cette position. On observe une symétrie du comportement.

8.1.2 Point 4 : sous la zone de contact et sur le passage de la veine

La figure 8.2 représente le point 4 sélectionné sous les zones refroidie et réchauffée, sur l'image de l'avant-bras en position horizontale. Nous voyons également sur cette figure la comparaison des courbes du refroidissement et du réchauffement de cette position.

Nous pouvons observer une symétrie du comportement.

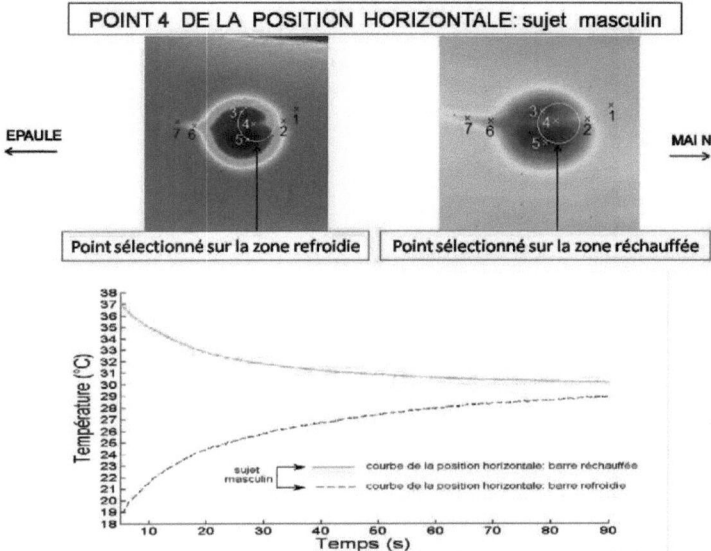

FIGURE 8.2 – *Point 4 sélectionné et courbes de comparaison en position **horizontale** : sujet masculin.*

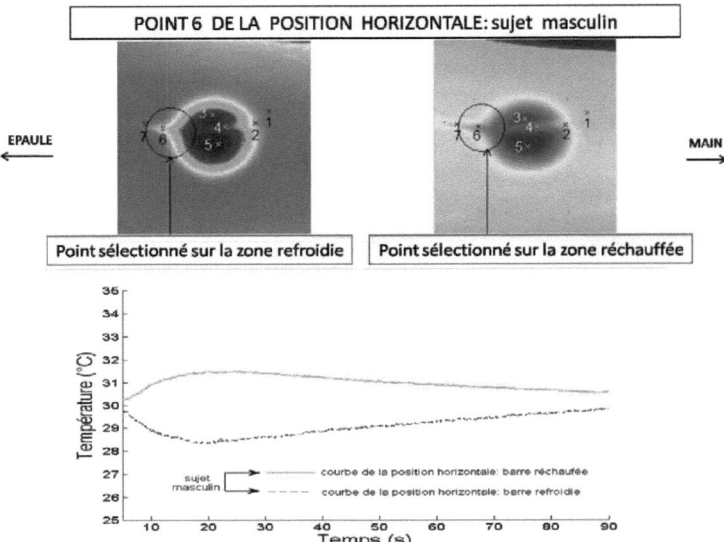

FIGURE 8.3 – **Point 6** *sélectionné et courbes de comparaison en position* **horizontale** *: sujet* **masculin**.

8.1.3 Point 6 : en périphérie de la zone de contact mais sur le passage de la veine

La figure 8.3 représente le point 6 sélectionné sous les zones refroidie et réchauffée, sur l'image de l'avant-bras en position horizontale pour un sujet masculin. Nous voyons également sur cette figure la comparaison des courbes du refroidissement et du réchauffement, de ces deux positions. On observe également une symétrie du comportement.

Cette symétrie du comportement thermomécanique se vérifie aussi sur le sujet féminin (voir annexe A).

8.2 Récapitulatif des comparaisons du refroidissement pour les sujets masculin et féminin

Sur cette partie, nous présentons les comparaisons pour les sujets masculin et féminin avec la barre refroidie. La figure 8.4 montre la superposition de la figure 7.4 et la figure 7.8 en position horizontale.

Les courbes en vert sont les courbes pour le sujet masculin, tandis que les courbes en noir

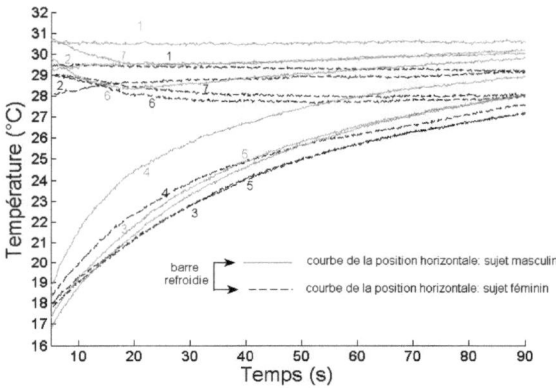

FIGURE 8.4 – *Comparaison des courbes entre un sujet **masculin** et **féminin** en position **horizontale** avec la barre **refroidie**.*

sont celles de la femme.

La figure 8.5 montre la superposition de la figure 7.9 et la figure 7.10 en position verticale ascendante. Les courbes en rouge sont les courbes pour le sujet masculin, tandis que les courbes en noir sont celles de la femme. La figure 8.6 montre la superposition de la figure 7.11 et la figure 7.12 en position verticale ascendante.

Les courbes en magenta sont les courbes pour le sujet masculin, tandis que les courbes en noir sont celles de la femme. Dans ce cas particulier, les différences entre les sujets masculin et féminin ne sont pas significatives.

8.3 Récapitulatif des comparaisons du réchauffement pour les sujets masculin et féminin

Sur cette paragraphe, nous présentons les comparaisons pour les sujets masculin et féminin avec la barre réchauffée.

La figure 8.7 montre la superposition de la figure 7.19 et la figure 7.20 en position horizontale avec la barre réchauffée.

La figure 8.8 montre la superposition de la figure 7.21 et la figure 7.22 en position verticale ascendante avec la barre réchauffée.

La figure 8.9 montre la superposition de la figure 7.23 et la figure 7.24 en position verticale descendante avec la barre réchauffée.

Les courbes en vert (figure 8.7), en rouge (figure 8.8) et en magenta (figure 8.9) sont les courbes

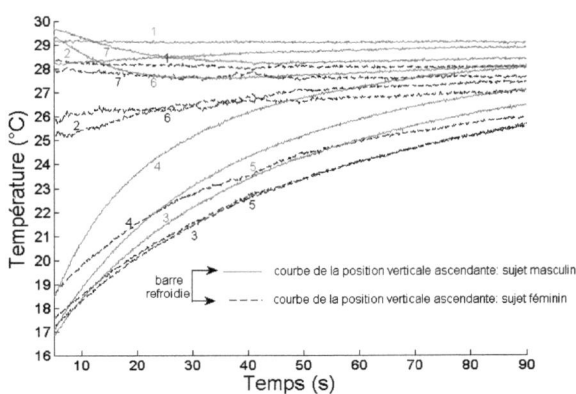

FIGURE 8.5 – *Comparaison des courbes entre un sujet **masculin** et **féminin** en position **verticale** **ascendante** avec la barre **refroidie***.

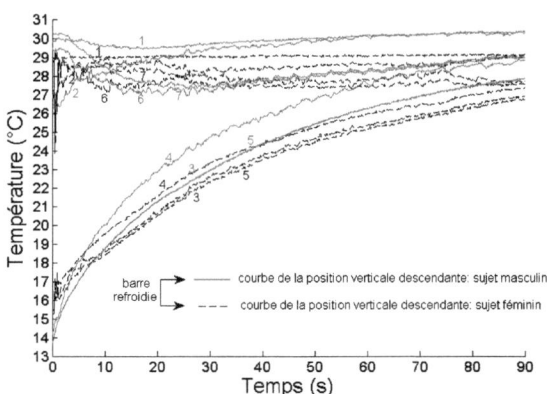

FIGURE 8.6 – *Comparaison des courbes entre un sujet **masculin** et **féminin** en position **verticale** **descendante** avec la barre **refroidie***.

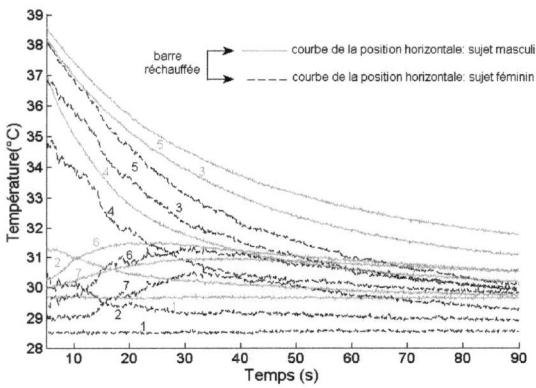

FIGURE 8.7 – *Comparaison des courbes entre un sujet **masculin** et **féminin** en position **horizontale** avec la barre **réchauffée**.*

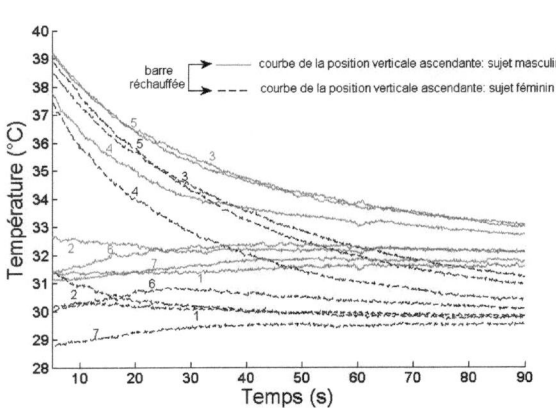

FIGURE 8.8 – *Comparaison des courbes entre un sujet **masculin** et **féminin** en position **verticale** ascendante avec la barre **réchauffée**.*

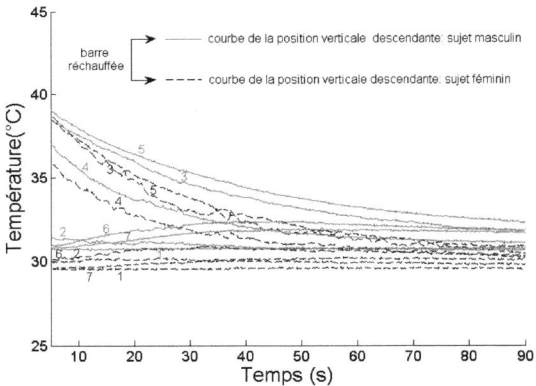

FIGURE 8.9 – *Comparaison des courbes entre un sujet **masculin** et **féminin** en position **verticale** **descendante** avec la barre **réchauffée**.*

pour le sujet masculin, tandis que les courbes en noir sont celles de la femme.

Nous constatons que avec la barre refroidie, pour un sujet féminin, le réchauffement est plus lent. Par contre, avec la barre réchauffée, pour un sujet masculin, le refroidissement est plus lent.

8.4   Commentaires

- Nous avons fait cette étude comparative pour vérifier si le comportement était symétrique entre le chaud et le froid parce que le peau est un matériau vivant qui ne réagit pas de la même façon face à la chaleur et au froid. En effet, quand la température du tissu $\geq 44^{o}$C et $\leq 0^{o}$C, la cellule meurt. Et aussi, le vaisseau se dilate avec la chaleur et se contracte avec le refroidissement.

- L'étude comparative du réchauffement et du refroidissement montre qu'il y a symétrie du comportement thermomécanique de l'organe. Ces résultats sont importants pour le modèle prédictif de traitement des brûlures que nous souhaitons développer. Il faut cependant être prudent. Cette symétrie n'est vérifiée que pour des variations de températures qui ne produisent pas d'endommagement des tissus.

- L'étude comparative entre sujets masculin et féminin montre que le retour à l'équilibre est plus rapide pour le réchauffement chez le sujet masculin, mais moins rapide que le sujet féminin lors du refroidissement. Ces résultats sont difficiles à interpréter. Ils mériteraient d'être confirmés sur d'autres individus.

TENTATIVE DE MESURE DE LA PERFUSION

Sommaire

La mesure de la perfusion est un paramètre essentiel pour l'étude et la compréhension de l'activité thermomécanique tissulaire (Roussel, 1999). Le taux de la perfusion sanguine est important et unique pour le transfert biothermique. Le sang est une source volumique de chaleur qui est distribuée dans les tissus.

9.1 Objectif et principe de la mesure

On propose, dans cette partie, une technique expérimentale permettant de mesurer la perfusion sanguine.
L'idée initiale est d'utiliser les effets de la pesanteur, en positionnant le bras en l'air (vers le haut) suffisamment longtemps, pour mesurer l'effet de la perfusion. Nous avons fait un enregistrement pendant 3 minutes (voir figure 6.17). On mesure l'évolution de la température

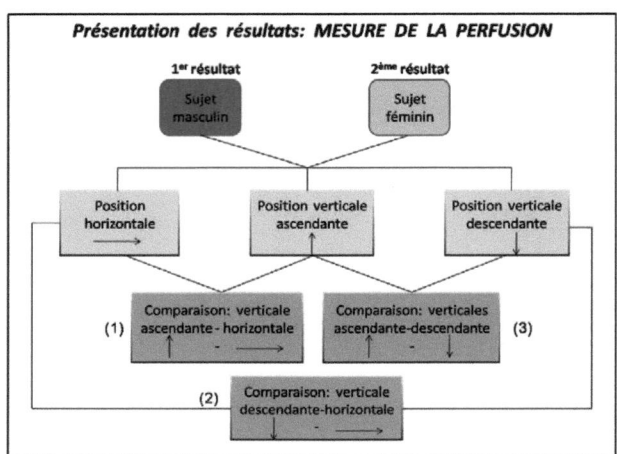

FIGURE 9.1 – *Organigramme des résultats pour la mesure de la perfusion.*

avec la caméra infrarouge. Nous avons fait également cette mesure sur les trois positions de l'avant-bras.

9.2 Résultats obtenus

Nous avons fait 3 mesures chez un sujet masculin et un sujet féminin. Nous présentons dans la figure 9.1 l'organigramme des résultats pour cette mesure de la perfusion. Le principe qu'on voulait mettre en place est d'observer la baisse de la température dont la seule raison serait la variation de ω (taux de la perfusion) puisque le sang s'écoulait plus difficilement. On l'aurait identifier par analyse inverse. Nous présenterons l'image expérimentale de l'avant-bras traité en position horizontale chez l'homme. Ensuite, nous montrerons ensemble les différentes images traitées. Enfin, des comparaisons et des commentaires des résultats seront exposés.

9.2.1 Points sélectionnés en position horizontale : sujet masculin

La figure 9.2 présente les points sélectionnés chez l'homme en position horizontale.

106

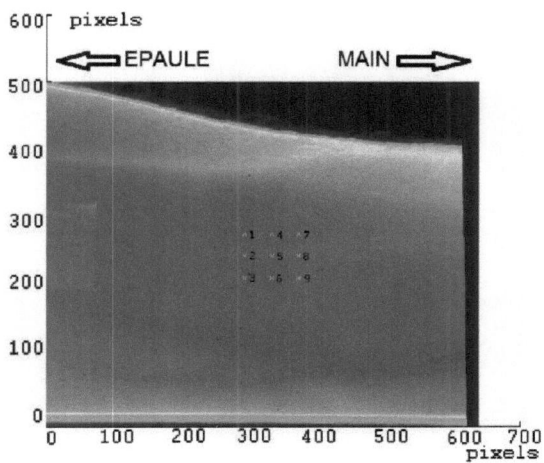

FIGURE 9.2 – *Image de la mesure de la perfusion en position **horizontale** : sujet **masculin**.*

9.2.2 Points sélectionnés pour toutes les positions : sujets masculin et féminin

La figure 9.3 montre ensemble les points sélectionnés chez l'homme et chez la femme.

Nous présentons tout de suite les comparaisons de la mesure de la perfusion entre deux positions.

9.2.3 Comparaison des résultats pour les positions horizontale et verticale ascendante

La figure 9.4 montre la comparaison entre positions horizontale et verticale ascendante pour un sujet masculin. On constate une baisse de la température en position horizontale, mais une hausse en position verticale ascendante.
La figure 9.5 montre la comparaison entre positions horizontale et verticale ascendante pour un sujet féminin. Comme pour le sujet masculin, on observe une baisse de la température pour la position horizontale. Par contre, l'interprétation est moins claire pour la position verticale ascendante.

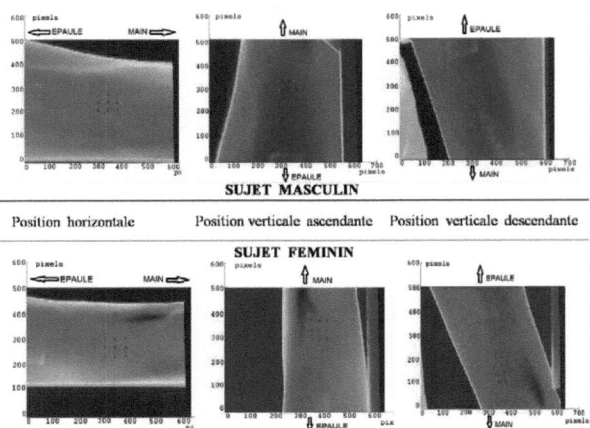

FIGURE 9.3 – *Vue ensemble des points sélectionnés pour toutes les positions : sujets masculin et féminin.*

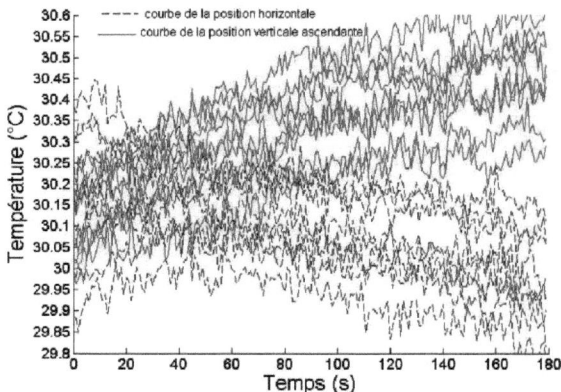

FIGURE 9.4 – *Comparaison de la mesure de la perfusion entre positions **horizontale** et **verticale** **ascendante** : sujet **masculin**.*

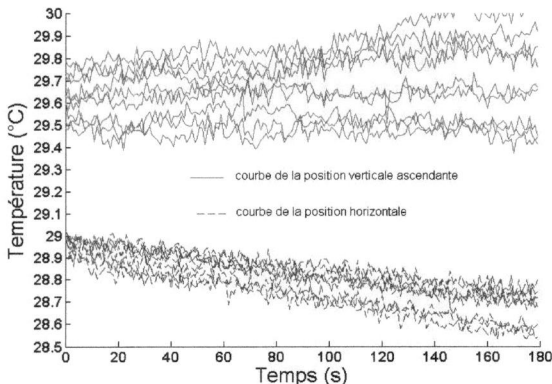

FIGURE 9.5 – *Comparaison de la mesure de la perfusion entre positions **horizontale** et **verticale** ascendante : sujet **féminin**.*

9.2.4 Comparaison des résultats pour les positions verticales ascendante et descendante

La figure 9.6 montre la comparaison entre positions verticales ascendante et descendante pour un sujet masculin.

La figure 9.7 montre la comparaison entre positions verticales ascendante et descendante pour un sujet féminin. Pour la position verticale descendante, la température de la surface de la peau a tendance à baisser légèrement. Cette baisse est plus significative chez le sujet féminin.

9.2.5 Comparaison de la mesure de la perfusion : sujets féminin et masculin

La figure 9.8 est la superposition des courbes de la position horizontale pour les sujets masculin et féminin.

La figure 9.9 est la superposition des courbes de la position verticale ascendante pour les sujets masculin et féminin.

La figure 9.10 est la superposition des courbes de la position verticale descendante pour les sujets masculin et féminin.
Nous notons que les tendances à la baisse ou à la hausse de la température de la peau sont

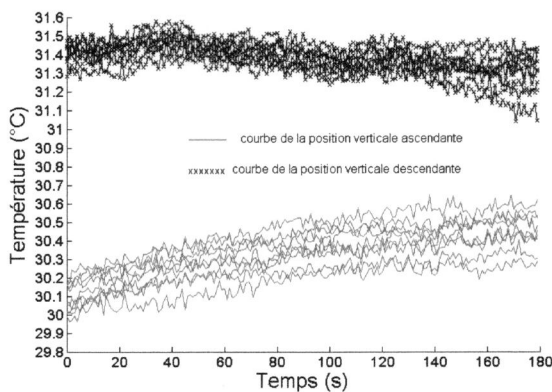

FIGURE 9.6 – *Comparaison de la mesure de la perfusion entre positions **verticales ascendante** et **descendante** : sujet **masculin**.*

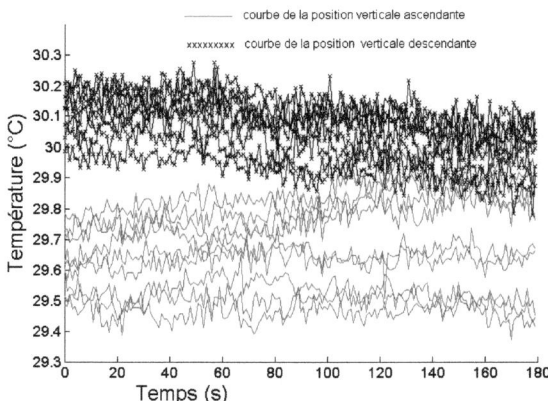

FIGURE 9.7 – *Comparaison de la mesure de la perfusion entre positions **verticales ascendante** et **descendante** : sujet **féminin**.*

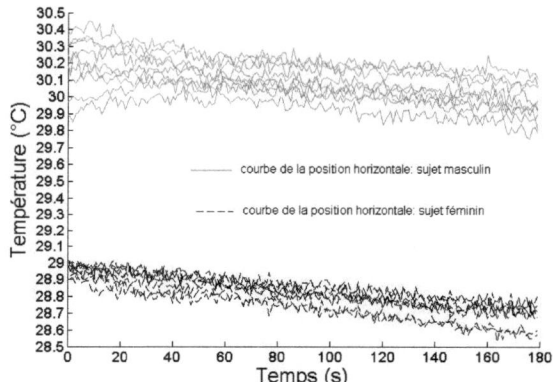

FIGURE 9.8 – *Comparaison de la mesure de la perfusion en position **horizontale** : sujets **féminin** - **masculin**.*

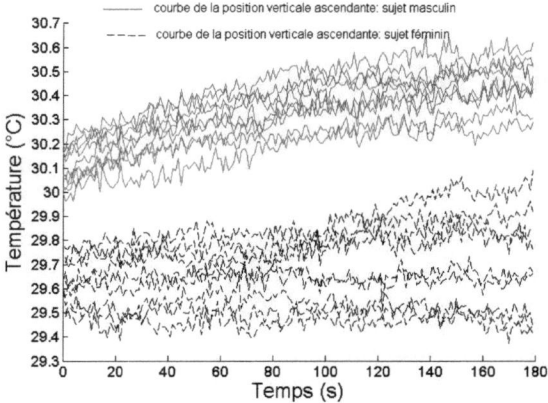

FIGURE 9.9 – *Comparaison de la mesure de la perfusion en position **verticale ascendante** : sujets **féminin** - **masculin**.*

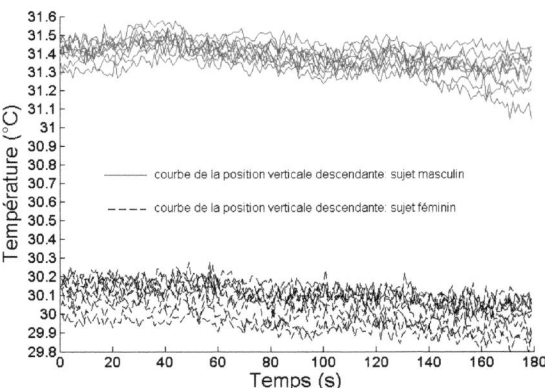

FIGURE 9.10 – *Comparaison de la mesure de la perfusion en position **verticale descendante** : sujets **féminin** - **masculin***.

observées aussi chez le sujet masculin que féminin. Nous avons constaté également que le sujet féminin présente des températures de la peau un peu plus basses (29^oC à 30^oC) que le sujet masculin (30^oC à $31,5^oC$).

9.3 Mesures par thermocouple et comparaisons

Nous avons comparé la mesure de la perfusion prise avec un thermocouple aux mesures infrarouges pour l'une de nos campagnes de mesures expérimentales. Nous avons pris deux points de contrôle sur l'avant-bras en position verticale, pendant 4 minutes, pour observer l'évolution de température (voir figure 9.11).

Nous montrons sur le tableau 9.1 la mesure de la perfusion prise par le thermocouple.

La température du barreau chaud a été de $40,3^oC$.
La température du barreau froid a été de 10^oC.

D'après la figure 9.11, la température varie de $31,1^oC$ à $31,3^oC$ en moyenne.
Celles prises avec le thermocouple qui indiquent une moyenne de 31^oC (voir tableau 9.1).
Ces mesures par thermocouple valident les mesures infrarouges. Elles montrent cependant que le thermocouple se révèle mal adapté pour mesurer l'activité thermique due à la perfusion.

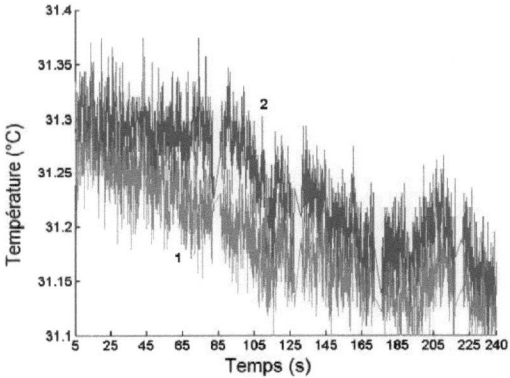

FIGURE 9.11 – *Evolution de température pour la mesure de la perfusion.*

Temps (s)	Température (^{o}C)
0	30,5
20	30,8
40	30,9
60	30,9
120	31,0
180	31,0
240	31,0

TABLEAU 9.1 – *Températures mesurées avec le thermocouple.*

Par ailleurs, ces résultats montrent, contrairement à ceux présentés au paragraphe 9.2.4, que la température baisse en position verticale ascendante.

9.4 Analyse des résultats

Nous avons fait deux campagnes de tentative de mesures de la perfusion à deux dates différentes. Pour l'une, la durée de l'enregistrement était de 4 minutes avec 10 Hz de fréquence d'acquisition. Par contre pour l'autre, elle était de 3 minutes avec 1 Hz de fréquence.

Lors de cette dernière campagne de mesures, on a constaté une baisse de température en position horizontale. Pour la position verticale, on observe que la température baisse en position verticale descendante, mais augmente en position verticale ascendante.

Par ailleurs, nous avons noté pour le bras en l'air, une diminution de température lors de la première campagne de mesure de la perfusion.

L'idéal aurait été de réaliser une mesure qui dure 10 minutes ou même plus. Mais cette démarche est compliquée du point de vue physique et technique. Cependant, l'idée semble bonne et peut être approfondie par une étude ultérieure.

Dans le cas général, l'immobilité de l'avant-bras ne favorise pas la circulation sanguine. Elle diminue les effets de la perfusion, ce qui se manifeste par une baisse de la température de la peau.

CONCLUSION PARTIE II

La démarche expérimentale a consisté à poser l'extrémité d'une barre d'acier cylindrique préalablement refroidie ou réchauffée sur la peau d'un avant-bras humain et de mesurer l'évolution de la température à l'aide d'une caméra infrarouge. Expérimentalement, nous avons constaté clairement l'influence de la circulation sanguine dans les veines sur la diffusion de la température, dans différentes positions de l'avant-bras. Le but de cette étude est de faire varier la circulation sanguine en utilisant les effets de la pesanteur. Cette approche nous a permis de quantifier les variations de température dues à la vitesse de la circulation du sang. Une échographie de l'avant-bras a permis d'accéder aux données géométriques et cinématiques. Nous avons constaté, d'après les résultats des traitements des données expérimentales, que la perfusion et la circulation sanguine étaient moins importantes dans la position verticale ascendante par rapport à la position horizontale. Ce constat est issu de l'observation des courbes de retard à l'équilibre thermique des points de la surface de l'avant-bras. On observe que les courbes de la position verticale prennent plus de temps pour rejoindre la température d'équilibre.

L'expérimentation avec Doppler a permis de mesurer les propriétés géométriques des veines (profondeur et diamètre) et la vitesse d'écoulement du sang en utilisant une échographie de la zone d'étude. Ces mesures expérimentales fournissent des données qui serviront à alimenter notre modèle numérique.

Nous avons fait beaucoup d'expérimentations. Les résultats de la dernière campagne d'expérimentation, que nous avons présentés dans cette partie 2, sont les plus complets. D'autres résultats d'expérimentation pour des sujets masculin et féminin sont moins complets. Le traitement de la position verticale descendante n'a pas été réalisé. Nous montrerons ces résultats dans l'annexe A et nous en servirons pour la partie simulation, car nous avons pu coupler ces essais avec des mesures Doppler réalisées le même jour. Il s'agit des mesures Doppler présentées au chapitre 6.

Ce qui est confirmé dans toutes les expérimentations c'est que, l'influence de la veine qui transporte la chaleur est bien observée dans différentes positions de l'avant-bras.

Après l'étude comparative expérimentale du refroidissement et du réchauffement, nous avons observé qu'il y a une symétrie du comportement thermomécanique de la peau. Des mesures de la perfusion, pourraient servir pour identifier ω, ont été faites pour vérifier la baisse de la température mais la durée d'enregistrement semble insuffisante pour confirmer cette hypothèse.

Troisième partie

Simulations numériques

INTRODUCTION PARTIE III

La simulation numérique est devenue aujourd'hui incontournable dans le développement de la modélisation du comportement des matériaux. L'objectif de cette dernière partie est de proposer un modèle numérique visant à présenter une approximation du comportement thermomécanique de la peau. Ce modèle sera soumis numériquement aux mêmes conditions que pour les tests expérimentaux. Nous rappelons ici que nous modélisons les couches cutanées soumises à un chargement extérieur, et cherchons à simuler l'influence de la circulation sanguine dans le transfert de chaleur. Tout d'abord, nous présenterons le concept de base et les hypothèses de calcul. Ensuite, nous présenterons le modèle, les conditions aux limites et les propriétés des matériaux. Nous décrirons du logiciel COMSOL que nous avons utilisé pour nos simulations. Après, nous aborderons les comparaisons numériques et expérimentales. Enfin, nous développerons notre étude sur le calcul de l'endommagement thermique en 3D et proposerons un procédé adapté à la recherche d'un traitement optimal contre la diffusion de l'endommagement.

10

PRÉSENTATIONS DU MODÈLE NUMÉRIQUE ET VALIDATIONS

Sommaire

Plusieurs modèles numériques et analytiques ont déjà été proposés dans la littérature. On peut citer les travaux d'Aksan et al. [2004] qui ont fait une modélisation de la peau considérant l'épiderme comme non irrigué et les régions profondes du derme et les tissus sous cutanés comme présentant une irrigation constante ou qui dépend de la température. Ils ne se sont cependant pas intéressés aux effets induits par le flux sanguin transporté par les veines. Les travaux qui se rapprochent le plus des nôtres sont ceux de Boué et al [2007]. Comme nous, ils ont essayé de tenir compte du transport de chaleur dans les veines. Pour y parvenir, ils ont développé un modèle analytique simplifié en 2D couplé à la thermographie.

Pour notre part, nous avons mis en place un modèle numérique 3D qui considère deux couches de matériaux ainsi que les actions de la veine.

10.1 Modélisation de la peau en 3D multicouche

10.1.1 Concept de base

Notre modèle est composé de deux couches de tissu : le derme et l'hypoderme. L'épiderme est négligé à cause de sa faible épaisseur. On crée la circulation du sang en modélisant la veine par un cylindre contenant un fluide ayant une vitesse de transport.

10.1.2 Hypothèses de calcul

Pour la résolution du problème, les hypothèses suivantes sont faites :

1. le milieu est tridimensionnel et a pour dimensions de 10x4 cm^2 et 4 mm d'épaisseur,

2. le sang est considéré comme un fluide visqueux incompressible,

3. le flux sanguin est supposé stationnaire,

4. la vitesse du fluide est sous une forme paraboloïde de révolution (voir figure 10.1),

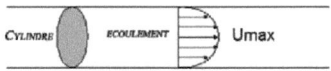

FIGURE 10.1 – *L'écoulement stationnaire.*

5. les générations de puissance interne métabolique dans le derme et l'hypoderme ont été considérées constantes et fixées à 368 W.m^{-3} (Roetzel et Xuan, 1998),

6. Le coefficient de convection h entre l'air est la peau égale à 7 W.m^{-2}.K^{-1} (Xu *et al.*, 2008; Lagrée, 2010),

7. La température de l'air Te égale à 20°C.

8. Le couplage dans le volume et entre les surfaces est assuré par une condition de continuité.

10.1.3 Présentation du modèle

Nous voyons sur la figure 10.2 le modèle de la peau en 3D. Au milieu se trouve la zone de contact avec la barre d'acier. La veine traverse le modèle de part en part.

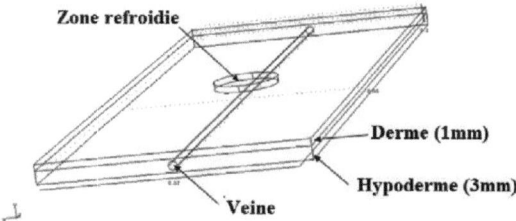

FIGURE 10.2 – *Modélisation de la peau en 3D.*

10.1.4   Condition initiale et conditions aux limites

On considère une température initiale de 35°C pour tout le modèle. La simulation est effectuée avec un calcul transitoire qui considère trois étapes :

– Etape 1 : (durée 200 s)
Cette étape permet d'atteindre la température d'équilibre du modèle.
   + on impose une température T=35°C sur la partie inférieure de l'hypoderme (voir figure 10.3 a),

   + on impose une température T=35°C aux deux côtés du modèle (voir figure 10.3 b),

   + le reste de la partie supérieure du derme est soumis à une condition de convection.

– Etape 2 : (durée 20 s)
Cette étape représente la phase d'apposition de la barre d'acier. C'est comme pour l'étape 1, mais en rajoutant :
   + une température imposée sur une zone de 2 cm de diamètre de la partie supérieure du derme (voir figure 10.3 d). Cette température sera pilotée de manière à simuler le transfert de chaleur entre la peau et la barre.

– Etape 3 : (durée 90 s)
On impose les mêmes conditions aux limites qu'à l'étape 2, mais en remplaçant l'action de la barre par une condition de convection avec l'air. Toute la partie supérieure du derme est soumise à la convection, comme à l'étape 1.

10.1.5   Propriétés des matériaux des deux couches de la peau et du sang

Le tableau 10.1 rassemble l'ensemble des propriétés des matériaux du modèle. Ces propriétés sont issues des articles (Jiang *et al.*, 2002; Gowrishankar *et al.*, 2004).

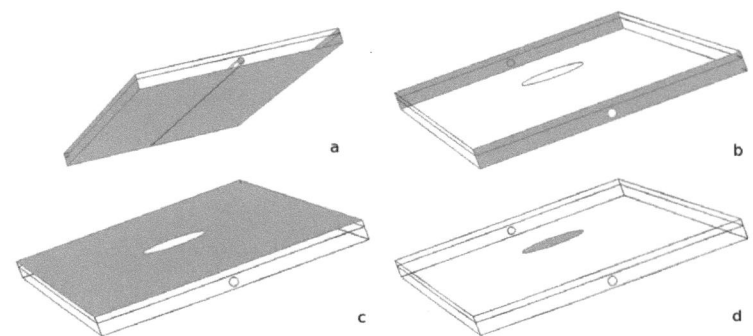

FIGURE 10.3 – *Présentation des conditions aux limites.*

Sous domaine	Couche	Epaisseur (m)	Chaleur spécifique C ($Jkg^{-1o}C^{-1}$)	Conductivité thermique k ($Wm^{-1o}C^{-1}$)	Masse volumique ρ ($kg.m^{-3}$)	Taux de la perfusion w (s^{-1})
1	Derme	0,001	3300	0,45	1200	0,00125
2	Sang	0,0013*	3770	0,45	1060	0
3	Hypoderme	0,003	2500	0,19	1000	0,00125

TABLEAU 10.1 – *Propriétés des deux couches de la peau et du sang.*
0.0013*, diamètre de la veine varie entre 0,001 et 0,003 m, nous utiliserons 0,0013 m pour le sujet féminin et 0,001 m pour le sujet masculin.

10.1.6   Logiciel de calcul : COMSOL Multiphysics

Longtemps, la simulation numérique a servi d'outil supplémentaire de validation de nouveaux produits ou procédés. En plaçant la simulation au cœur du processus de création, le logiciel COMSOL Multiphisics simule de nombreux phénomènes. Nous avons utilisé la fonction FEM (logiciel de calcul par Éléments Finis) de COMSOL pour la modélisation et la simulation. Les principaux avantages de ce logiciel sont sa capacité à coupler et à résoudre arbitrairement des équations dans des domaines aussi variés que la mécanique des structures, la dynamique des fluides, tout ceci dans le même modèle et simultanément. Cette méthode peut également calculer le rayonnement thermique de surface à surface en 2D et 3D. Elle peut inclure le transport de chaleur par conduction et convection ainsi que l'équation de la chaleur dans le domaine biologique et biomécanique. Les transferts de chaleur existent dans presque tous les phénomènes mécaniques et sont souvent les facteurs limitant de leur modélisation, d'où l'importance de leur étude et du besoin largement répandu d'un outil d'analyse performant pour la thermique. Notre but est de calculer les valeurs de températures de tous les nœuds et de les récupérer pour servir au développement d'autres calculs, notamment, réalisés avec le logiciel MATLAB. C'est là un des principaux avantages de COMSOL.

En utilisant les modes adaptés aux applications du module transfert de chaleur et en les associant aux capacités multiphysiques inhérentes de FEM, nous avons pu modéliser un champ de températures en parallèle avec d'autres physiques.

10.1.7   Discrétisation temporelle et maillage du modèle

Le maillage contient 13 593 éléments tétraédriques à 10 nœuds (voir figure 10.4). Les calculs ont été faits avec un pas de temps de 0,25 s.

10.2   Résultats numériques

Nous montrerons, dans ce paragraphe, la comparaison des résultats numériques et expérimentaux. Pour les résultats des mesures infrarouges, nous avons utilisé ceux obtenus lors des campagnes de test qui ont pû coupler le même jour thermographie et mesures Doppler. Cela permet de comparer les vitesses d'écoulement du sang mesurées par Doppler à celles obtenues par les simulations.

10.2.1   Comparaison des résultats numériques et expérimentaux pour le sujet féminin

La première série de comparaisons a été effectuée sur la position horizontale de l'avant-bras. Ceci a fixé les paramètres du modèle, en particulier la température du sang et sa vitesse. Ils ont été choisis pour être au plus proche des données expérimentales.

La deuxième série a été effectuée sur la position verticale ascendante et a validé le choix des paramètres ainsi que la température du sang et la variation de vitesse.

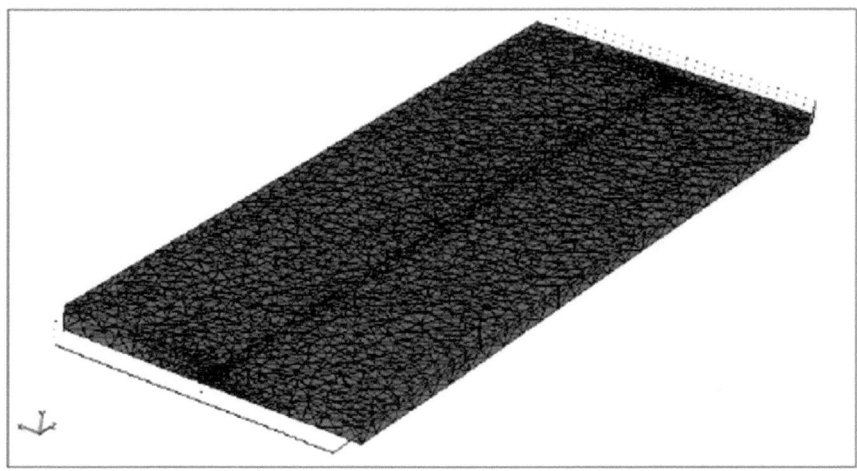

FIGURE 10.4 – *Présentation du maillage de la peau.*

Position horizontale - barre refroidie

Dans les figures 10.5, 10.6 et 10.7, les courbes en ligne continue sont des résultats de la simulation numérique et les courbes avec des symboles correspondent aux mesures expérimentales. Les points de mesure ont quasiment les mêmes coordonnées pour l'expérimentation et le calcul. Notons que seulement les étapes 2 et 3 sont représentées dans les figures. L'étape 1 d'initialisation n'est pas représentée dans les figures afin d'obtenir un meilleur agrandissement des résultats utiles. Différentes profondeurs de la veine (1 mm et 1,8 mm) et des vitesses de flux sanguins (3,4 cm.s^{-1} et 2,3 cm.s^{-1}) ont été évaluées. La profondeur de 1,8 mm correspond à la valeur mesurée par échographie. Dans cette étude comparative, nous avons utilisé une température du sang égale à 35,5^{o}C.

La figure 10.5 donne la comparaison entre les résultats expérimentaux et numériques avec une vitesse d'écoulement du sang U$_{max}$ = 3,4 cm.s^{-1} et une profondeur de la veine égale à 1,8 mm. On constate que les résultats numériques ne sont pas satisfaisants.

La figure 10.6 donne la comparaison entre les résultats expérimentaux et numériques avec U$_{max}$ = 3,4 cm.s^{-1} mais avec une profondeur de la veine égale à 1 mm. Les résultats sont meilleurs que pour une profondeur de 1,8 mm, mais le réchauffement des points 6 et 7 est trop important. Les vitesses U$_{max}$ = 2,3 cm.s^{-1} et U$_{max}$ = 1,7 cm.s^{-1} ont alors été testées.

La figure 10.7 montre que la meilleure allure des courbes est obtenue pour une vitesse U$_{max}$ = 2,3 cm.s^{-1}.

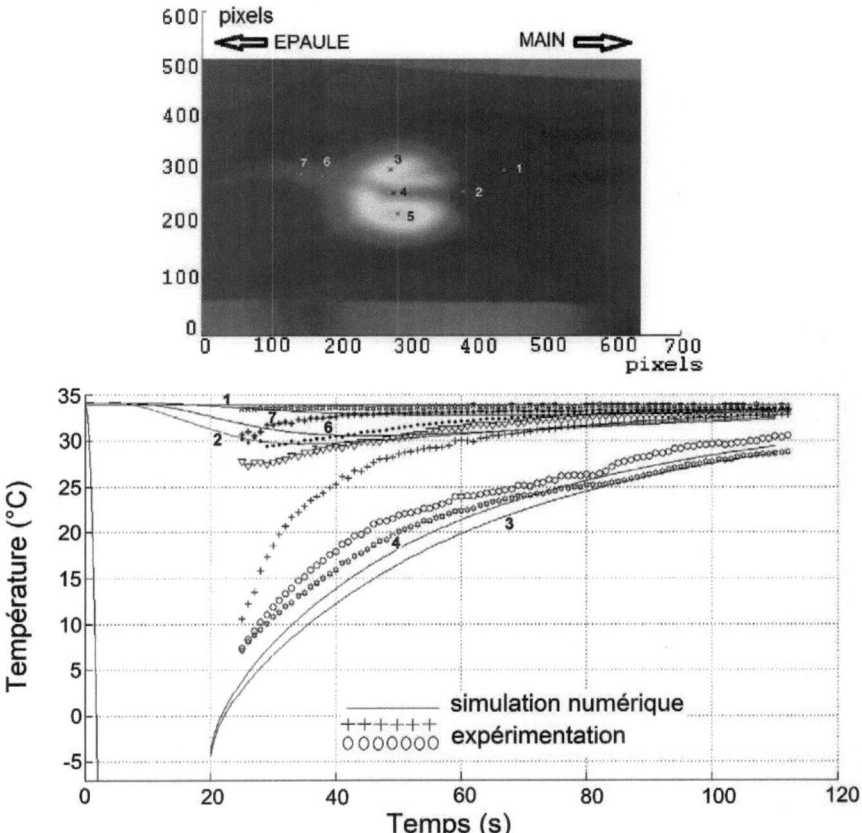

FIGURE 10.5 – *Image expérimentale (en haut) et comparaison entre les résultats expérimentaux et numériques (en bas) pour la position **horizontale** avec* U_{max} *= 3,4 cm.s^{-1} et une **profondeur de la veine de 1,8 mm** : sujet **féminin** - barre **refroidie**.*

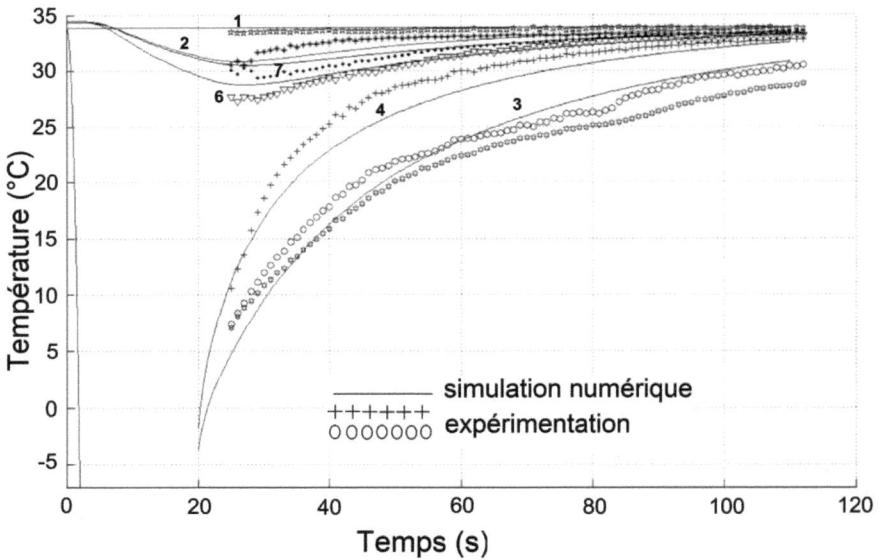

FIGURE 10.6 – *Comparaison entre les résultats expérimentaux et numériques pour la position* **horizontale** *avec* U_{max} = **3,4 cm.s^{-1}** *et une* **profondeur de la veine de 1 mm** *: sujet* **féminin** *- barre* **refroidie**.

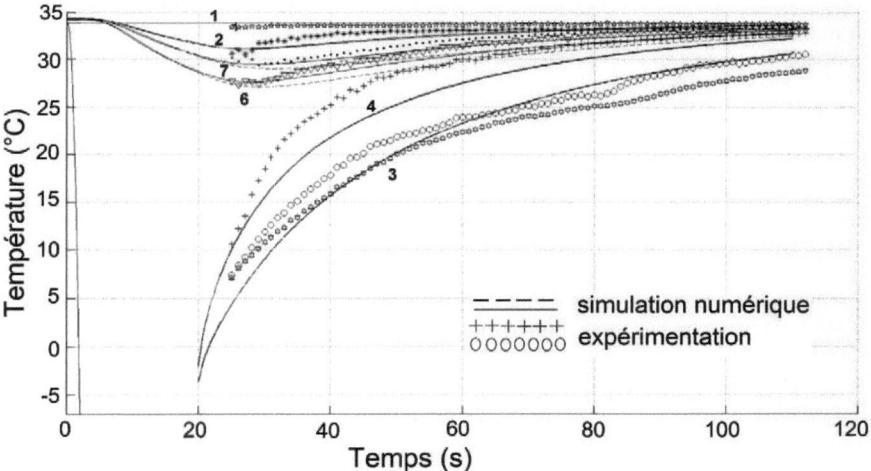

FIGURE 10.7 – *Comparaison entre les résultats expérimentaux et numériques pour la position* **horizontale** *avec* $U_{max} = 1,7\,cm.s^{-1}$ *pour les courbes en ligne discontinue,* $U_{max} = 2,3\,cm.s^{-1}$ *pour les courbes en ligne continue et une* **profondeur de la veine de 1 mm** : *sujet* **féminin** - *barre* **refroidie**.

Position verticale ascendante - barre refroidie

Comme la position horizontale, les points de contrôle ont quasiment les mêmes coordonnées pour les mesures expérimentales et les calculs numériques. La comparaison des résultats est présentée dans les figures 10.8 et 10.9. Des vitesses de flux sanguin différentes (2,5 cm.s^{-1}, 2,3 cm.s^{-1} et 1,7 cm.s^{-1}) ont été testées.

La figure 10.8 donne une comparaison entre des résultats expérimentaux et numériques pour la position verticale ascendante avec U_{max} = 2,5 cm.s^{-1} et U_{max} = 1,7 cm.s^{-1} avec une profondeur de veine égale à 1 mm et une température du sang égale à 35°C. Le réchauffement est plus important avec U_{max} = 2,5 cm.s^{-1}, mais la différence entre ces simulations n'est pas significative.

L'influence de la température du sang est testée dans la figure 10.9. Les courbes en ligne continue sont obtenues en utilisant U_{max} = 1,7 cm.s^{-1} et une température du sang T_a = 35°C. Les courbes en ligne discontinue correspondent aux résultats numériques obtenus en utilisant U_{max} = 2,3 cm.s^{-1} et une température du sang T_a = 35,5^{o}C. Ces derniers paramètres sont ceux qui ont permis de se rapprocher au mieux des résultats expérimentaux de la position verticale.

Un agrandissement de la zone utile de la figure 10.10 montre que la température initiale est plus haute quand T_a = 35,5^{o}C et le réchauffement est plus important pour les points 2, 6 et 7. En conclusion, pour la position verticale ascendante, la meilleure allure est obtenue pour une profondeur de 1 mm, une vitesse U_{max} = 1,7 cm.s^{-1} et une température du sang T_a = 35°C.

La figure 10.11 montre la distribution thermique dans le modèle à la fin du calcul. On observe bien la diffusion radiale de la température ainsi que le transport de chaleur par la veine.

10.2.2 Comparaison des résultats numériques et expérimentaux pour le sujet masculin

Différentes vitesses de flux sanguins (2 cm.s^{-1} à 3 cm.s^{-1}) et températures du sang (32°C à 32,5^{o}C) ont été testées numériquement. La profondeur de la veine est égale à 1 mm et correspond à la mesure échographique. Pour ce sujet masculin, nous présenterons directement les meilleurs résultats de comparaisons numériques et expérimentaux. Nous montrerons dans l'annexe B les comparaisons des résultats avec différentes vitesses et températures. Dans cette partie, nous avons testé le modèle numérique sur l'application d'une barre refroidie et réchauffée.

Position horizontale - barre refroidie

Nous voyons sur la figure 10.12 l'image expérimentale de l'avant-bras et l'évolution de la température pour le sujet masculin. Nous avons utilisé une vitesse d'écoulement du sang U_{max} = 2,5 cm.s^{-1} et une température de 32,5^{o}C.

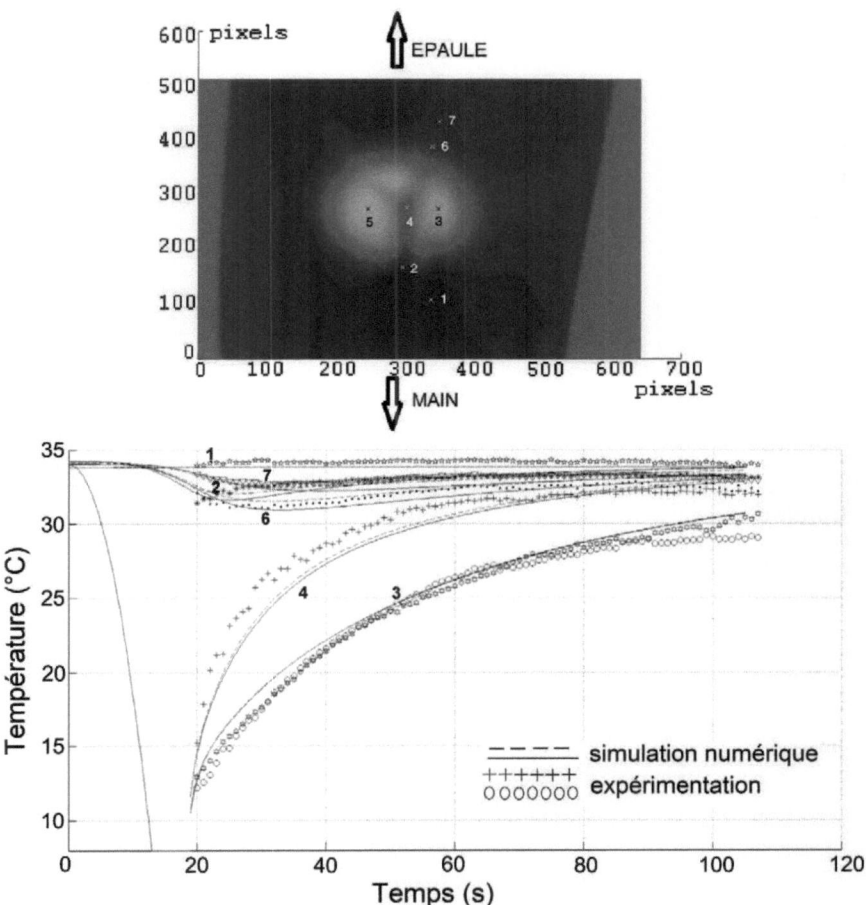

FIGURE 10.8 – *Image expérimentale de l'avant-bras (en haut) et comparaison entre les résultats expérimentaux et numériques (en bas) pour la position **verticale ascendante** avec une profondeur de la veine = 1 mm. Les courbes en ligne continue correspondent à $U_{max} = 1,7\,cm.s^{-1}$ et les courbes en ligne discontinue correpondent à $U_{max} = 2,5\,cm.s^{-1}$: sujet **féminin** - barre **refroidie**.*

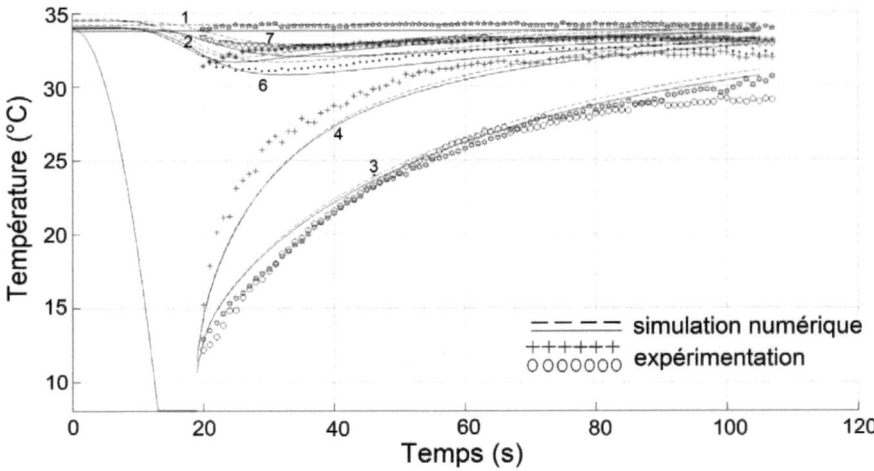

FIGURE 10.9 – *Comparaison entre les résultats expérimentaux et numériques pour la position* **verticale ascendante** *avec une profondeur de la veine = 1 mm. Les courbes en ligne continue correspondent à* $U_{max} = 1,7\ cm.s^{-1}$ *avec* $T_a = 35^o C$ *et les courbes en ligne discontinue correspondent à* $U_{max} = 2,3\ cm.s^{-1}$ *avec* $T_a = 35,5^o C$ *: sujet* **féminin** *- barre* **refroidie**.

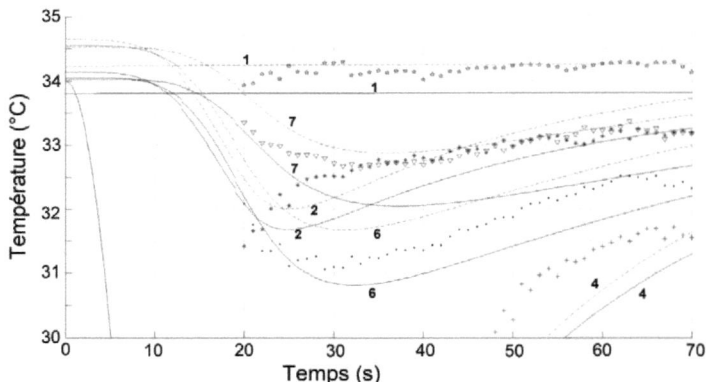

FIGURE 10.10 – *Zoom de la figure 10.9.*

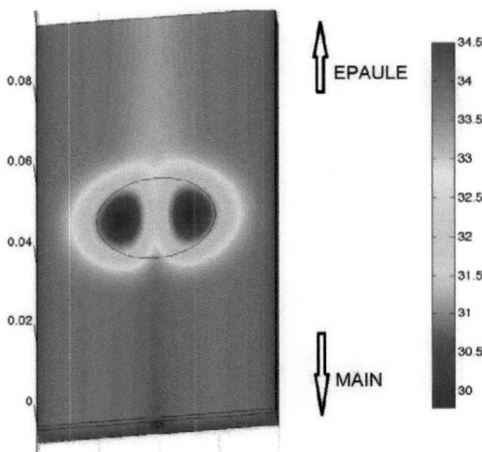

FIGURE 10.11 – *Distribution thermique en °C à la fin de calcul pour la position **verticale ascendante** (pour le stimulus "froid").*

Position verticale ascendante - barre refroidie

La figure 10.13 présente l'image expérimentale de l'avant-bras avec une rotation de 90° et l'évolution de la température pour la position verticale ascendante pour le sujet masculin. Comme pour la position horizontale, on observe aussi que les courbes expérimentales et numériques sont relativement proches. Pour la partie numérique, seulement la température du sang et la vitesse ont été changées. Nous avons utilisé la vitesse du sang $U_{max} = 1,5$ cm.s^{-1} et la température du sang égale à 32,2°C.

Position horizontale - barre réchauffée

La figure 10.14 présente l'image expérimentale de l'avant-bras et la comparaison des résultats numériques et expérimentaux pour la position horizontale. Nous utilisons la vitesse du sang égale à 2,5 cm.s^{-1} et une température de 32°C.

Position verticale ascendante - barre réchauffée

Pour ce calcul, la figure 10.15 montre l'image expérimentale de l'avant-bras et les comparaisons des résultats numériques et expérimentaux pour la position verticale ascendante avec la barre réchauffée. La vitesse du sang est égale à 2 cm.s^{-1} et la température du sang est égale à 32,3°C.

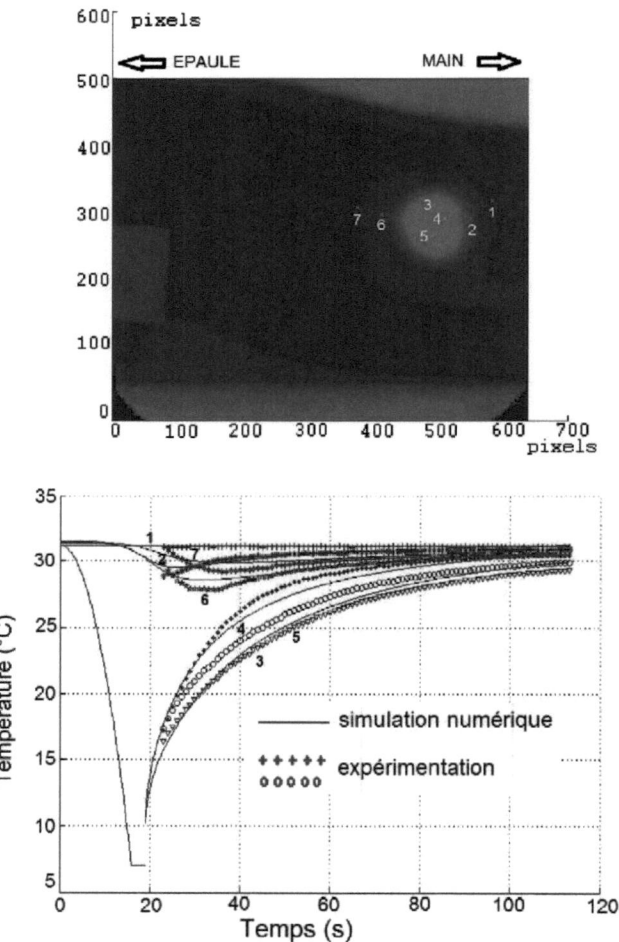

FIGURE 10.12 – *Image expérimentale de l'avant-bras (en haut) et évolution de la température (en bas) en position **horizontale** avec* $U_{max} = 2{,}5\ cm.s^{-1}$ *et* $T_a = 32{,}5^\circ C$: *sujet **masculin** - barre* ***refroidie***.

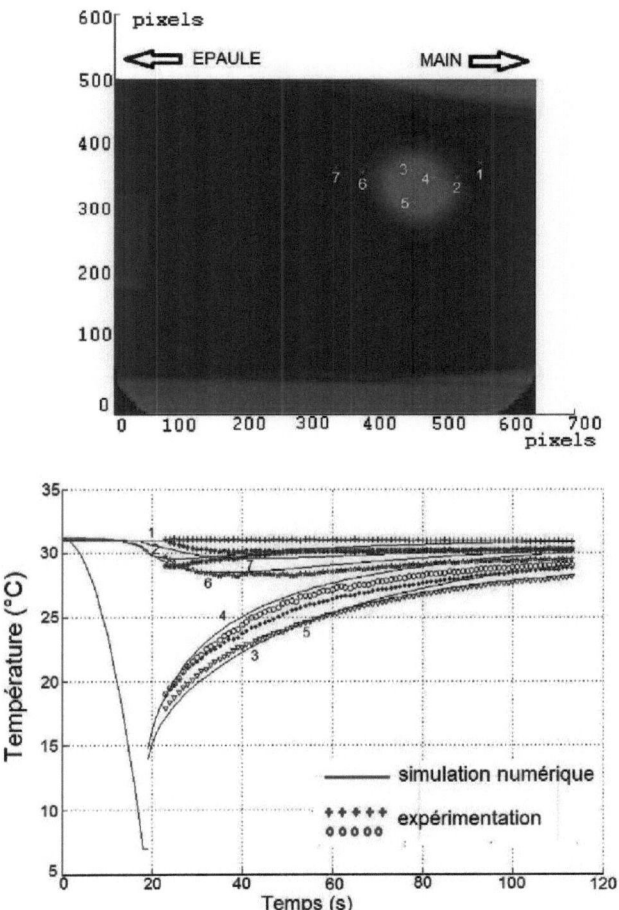

FIGURE 10.13 – *Image expérimentale de l'avant-bras (en haut) et évolution de la température (en bas) en position **verticale ascendante** avec* $U_{max} = 1,5\,cm.s^{-1}$ *et* $T_a = 32,2°C$ *: sujet **masculin** - barre **refroidie**.*

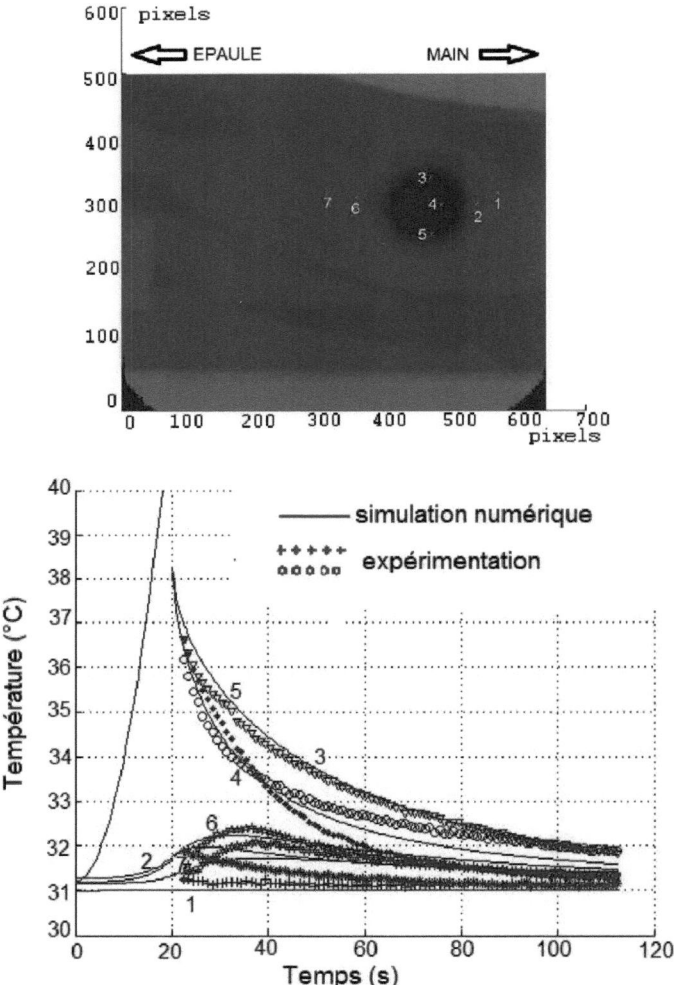

FIGURE 10.14 – *Image expérimentale de l'avant-bras (en haut) et comparaison des résultats (en bas) pour la position* **horizontale** *avec* $U_{max} = 2,5\ cm.s^{-1}$ *et* $T_a = 32^{\circ}C$: *sujet* **masculin** - *barre* **réchauffée**.

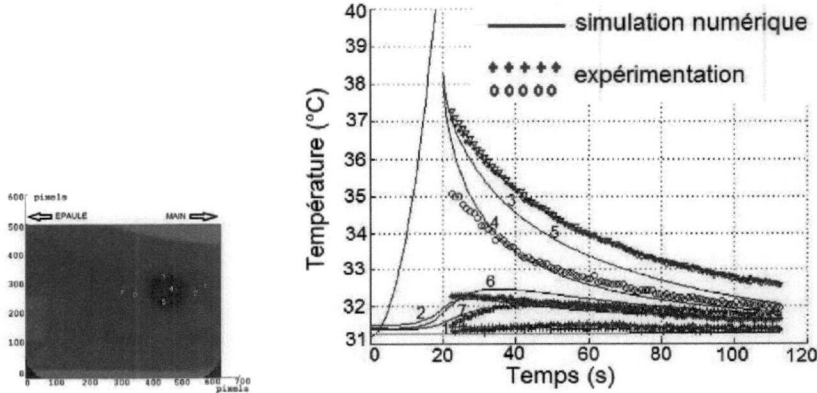

FIGURE 10.15 – *Image expérimentale de l'avant-bras (à gauche) et comparaison des résultats (à droite) pour la position **verticale ascendante** avec $U_{max} = 2 \ cm.s^{-1}$ et $T = 32{,}3^o C$: sujet **masculin** - barre **réchauffée**.*

10.2.3 Commentaires et discussions

– Nous avons testé plusieurs conditions différentes de descente en température pour simuler le transfert de chaleur entre la barre et la peau. Les conditions optimales ont été obtenues par analyse inverse. Pour le sujet féminin en position horizontale, on a diminué de manière rapide la température jusqu'à -7°C, alors que pour la position verticale ascendante, on a diminué plus lentement la température jusqu'à 8°C. Cette différence de comportement s'explique par la chaleur stockée dans la barre refroidie. Elle était moins importante au début de l'expérience, dans la position verticale, pour ce test en particulier. Expérimentalement, cette différence de conditions initiales a été corrigée chez le sujet masculin. Les conditions de descente en températures sont identiques pour les deux positions de l'avant-bras. Pour la simulation, nous avons imposé une descente progressive jusqu'à 7°C pendant 18 secondes puis l'avons maintenue à 7°C pendant 2 secondes (voir figures 10.12 et 10.13).
Pour simuler l'action de la barre réchauffée, nous avons procédé de manière analogue. La température a été augmentée progressivement pendant 18 s, jusqu'à 40°C, puis maintenue à 40°C pendant 2 s (voir figures 10.14 et 10.15).
– Le modèle numérique reproduit les observations expérimentales. Il permet de valider les propriétés des matériaux. Il est capable de simuler le transport de chaleur effectué par le flux sanguin. Ce transport se manifeste par une baisse suivie d'une hausse rapide de température des tissus en aval de la zone refroidie. Ce phénomène est observé tant expérimentalement que numériquement.

– Concernant la température du sang et sa vitesse d'écoulement, nous avons noté que pour répondre au mieux aux observations expérimentales, pour la position verticale ascendante, il était nécessaire de diminuer la température et la vitesse du sang. Cette diminution de la température pourrait être le résultat d'une réduction de la perfusion, c'est-à-dire une réduction de la quantité de sang dans les petits vaisseaux. Cette réduction a tendance à refroidir les tissus et le sang qui circule dans les veines autour des vaisseaux.

– Pour le sujet féminin, la profondeur de la veine a été mesurée à 1,8 mm de la surface de la peau, tandis que les meilleurs résultats numériques ont été obtenus pour une profondeur de 1 mm. La différence pourrait être expliquée par une réduction de l'épaisseur du derme suite à la pression exercée par la barre lors de l'étape 2. Cette pression rapproche la veine de la barre. De plus, la profondeur de la veine n'est pas constante sur toute la longueur de la zone étudiée. Une profondeur de 1 mm pourrait être la valeur moyenne. Enfin, certaines erreurs de mesure pourraient également expliquer cette différence.

– Les vitesses U_{max} permettant d'obtenir les meilleures simulations sont relativement proches de celles observées par effet Doppler.

– Sur une durée d'enregistrement courte (90 secondes), l'influence de la puissance métabolique Q_{met} et du taux de perfusion ω n'étaient pas significatifs dans les résultats numériques. Pour cette raison, aucune étude paramétrique par rapport à Q_{met} et ω n'a été présentée. L'observation numérique confirme les travaux de (Shitzer et Eberhart, 1985; Deng et Liu, 2000; Yong-Gang et Liu, 2007) qui suggèrent que les effets du taux de perfusion n'ont d'importance que dans le cas d'expositions thermiques de longue durée et de faible intensité ou dans le cas d'exposition à des micro-ondes (Ozen *et al.*, 2008).

CALCULS D'ENDOMMAGEMENT THERMIQUE

Sommaire

L'endommagement thermique est caractérisé par le dommage subi par la peau suite à une brûlure. Ce dernier chapitre traite particulièrement du calcul d'endommagement du tissu. En premier lieu, nous présenterons la démarche de calcul. Nous parlerons des hypothèses, des conditions de calcul ainsi que du modèle. Ensuite, nous montrerons et analyserons les résultats numériques. Pour terminer, nous discuterons de l'endommagement hypothermique.

Par accident, nous avons provoqué des lésions du tissu suite à une exposition thermique mal contrôlée pendant notre campagne expérimentale (voir figure 11.1). Ces photos donnent une illustration des conséquences d'un endommagement thermique. Elles donnent aussi une idée de l'étendue de la zone endommagée.

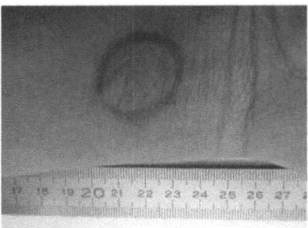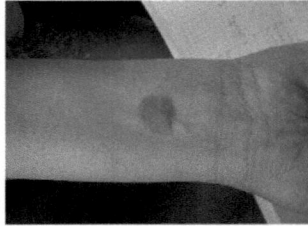

FIGURE 11.1 – *Lésions : 1er jour et 5 semaines après la pose de la barre.*

Dans notre recherche, il est difficile voire même inaccessible, de faire une mesure expérimentale du processus d'endommagement par brûlures sur la peau humaine. Nous proposons donc de nous appuyer sur la simulation numérique.

11.1 Démarche de calcul

11.1.1 Hypothèses et conditions de calcul

Notre calcul est basé sur le modèle proposé au chapitre 5, dans la première partie de ce mémoire.

On ne tient pas compte des variations des propriétés thermiques du tissu endommagé.

Nous avons utilisé le modèle 3D multicouche du chapitre précédent. Le calcul est réalisé en quatre étapes.

- Première étape : **équilibrage du modèle**
  Cette étape permet d'atteindre la température d'équilibre pendant une durée de 200 s.
- Deuxième étape : **exposition hyperthermique**
  On impose différentes températures maximales (T= 100^oC, 250^oC et 400^oC) avec des durées t_Ω= 5 s et 10 s, pour simuler la brûlure.
- Troisième étape : **modèle libre**
  Cette étape correspond au temps de réaction face à la brûlure. On choisit de la limiter à 5 s.
- Quatrième étape : **mesure adoptée face à la brûlure thermique**
  On propose trois approches pour réduire les dommages créés par les brûlures en limitant sa diffusion :
  + **Traitement par «air»**, on laisse la surface extérieure du modèle libre durant 35 s. Dans ce cas, on considère une température de l'air T_{air} = 20^oC et un coefficient de convection h_{air} = 7 [W.m^{-2}.K^{-1}] (Xu *et al.*, 2008; Lagrée, 2010).
  + **Traitement par «eau»**, on traite la brûlure avec de l'eau. On estime le coefficient d'échange, qui induit le mouvement du fluide, par une convection forcée. Le coefficient de convection peut prendre des valeurs entre h_{eau} = 100 et 15 000 [W.m^{-2}.K^{-1}]

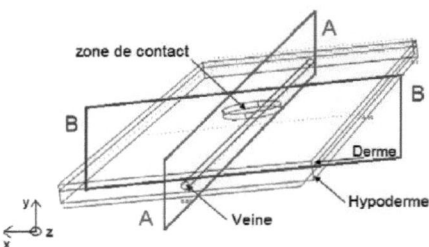

FIGURE 11.2 – *Présentation des différentes coupes pour visualiser l'endommagement du tissu.*

(Lagrée, 2010). Nous avons choisi la valeur $h_{eau} = 500$ [W.m^{-2}.K^{-1}] et la température de l'eau égale à 10°C.

+ **Traitement par «glaçon»**, on propose un traitement qui simule l'apposition d'un glaçon sur la zone brûlée en imposant une température basse égale à -1°C durant 35 s.

Pour résoudre l'équation différentielle (5.2) issue du modèle d'endommagement du chapitre 5, nous avons utilisé la méthode d'Euler implicite. Cette méthode est une méthode numérique d'intégration.

$$\frac{d\Omega}{dt} = \xi * exp(-\frac{\Delta E}{RT}) \quad \Omega(t) = \int_0^t \xi * exp(-\frac{\Delta E}{RT})dt$$

L'algorithme s'écrit :

$$\Omega_{n+1} = \Omega_n + dtf(T(n+1)) \tag{11.1}$$

où $f(T) = \xi * exp(-\frac{\Delta E}{RT})$ et dt le pas de temps. La valeur de la température est obtenue par les calculs éléments finis comme au chapitre précédent.

11.2 Résultats numériques

Les résultats des calculs d'endommagement sont présentés dans trois plans différents. Il s'agit du plan de coupe A - A ($x = 0,02$ m) ; du plan supérieur ($y = 0,004$ m) et du plan de coupe B - B ($z = 0,05$ m) (voir figure 11.2).

Dans nos calculs, nous avons utilisé les valeurs physiques des paramètres qui interviennent dans le modèle (5.2) suivantes :

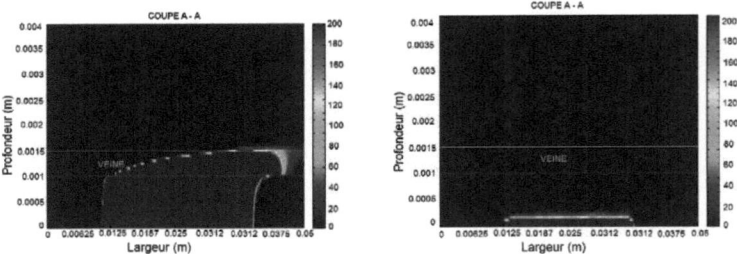

FIGURE 11.3 – *Endommagement dans le **plan de coupe** (A-A).* T $= 400^o$ C *et* t_Ω $= 10$ s *(à gauche).* T $= 100^o$ C *et* t_Ω $= 5$ s *(à droite).*

- Energie d'activation de la peau $\Delta E = 6{,}27.10^8$ [J.kmol^{-1}] (Wu, 1982),

- Constante universelle des gaz R= 8,315 [J.mol^{-1}.K^{-1}] (Moritz et Henriques, 1947).

11.2.1   Endommagement de la peau en fin de calcul

La figure 11.3 représente l'endommagement dans le plan de coupe A - A. Ces résultats sont réalisés avec un facteur de fréquence $\xi = 3{,}1.10^{90}$ s^{-1} (Fugitt, 1955; Wu, 1982). Les calculs ont simulé un traitement par «air». Le résultat à gauche est obtenu avec une température imposée $T_{max} = 400^o$C pendant une durée d'exposition $t_\Omega = 10$ s. Celui à droite est effectué à une température imposée T $= 100^o$C pendant une durée d'exposition $t_\Omega = 5$ s. Il s'agit des deux cas les plus extrêmes.
On constate que pour une brûlure sévère, l'endommagement atteint la veine et se transporte avec le flux sanguin.

La figure 11.4 représente l'endommagement sur la surface supérieure du modèle.

Pour la brûlure sévère, on aperçoit un léger transport de l'endommagement provoqué par la veine.

La figure 11.5 représente l'endommagement dans le plan de coupe B - B.

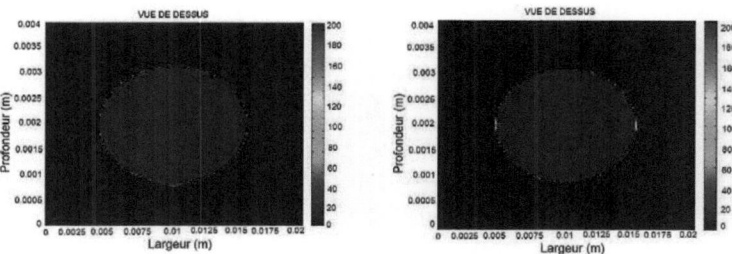

FIGURE 11.4 – *Endommagement dans le **plan supérieur**.* T = **400° C** *et* t_Ω = **10 s** *(à gauche).* T = **100° C** *et* t_Ω = **5 s** *(à droite).*

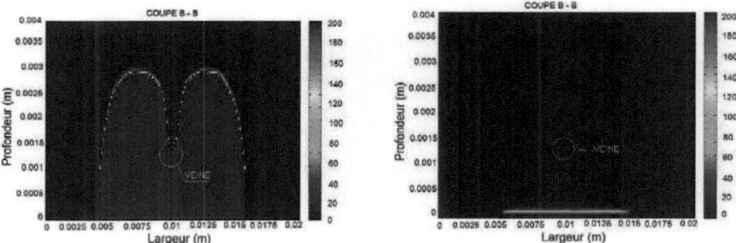

FIGURE 11.5 – *Endommagement dans le **plan de coupe (B-B)**.* T = **400° C** *et* t_Ω = **10 s** *(à gauche).* T = **100° C** *et* t_Ω = **5 s** *(à droite).*

11.2.2   Evolution de l'endommagement en fonction du temps

La figure 11.6 représente l'endommagement dans le plan de coupe A - A et les courbes enveloppes d'endommagement suivant la profondeur. Il s'agit des courbes d'évolution de l'endommagement, en fonction du temps, des points situés sur la ligne indiquée dans le plan de coupe A - A (voir figure 11.6).

Les calculs ont été faits avec les valeurs suivantes : $\xi = 3,1.10^{70}$ s^{-1}, $t_\Omega = 10$ s et T $= 400°$C.

On observe plusieurs phénomènes :

– L'endommagement maximum se trouve sur la surface en contact avec le brûleur.
– La valeur de cet endommagement dépasse les 10^4, ce qui signifie qu'il s'agit de brûlure au 3ème degré.
– Le tissu continue de s'endommager après la fin de la brûlure (t≥10s) (voir figure 11.7).
– Les points proches de la surface en contact avec la brûlure ont un endommagement qui semble ne plus évoluer après 10 s. On se rend compte que l'endommagement s'arrête brutalement, alors qu'il y a une petite variation qui n'est perceptible à l'échelle (voir

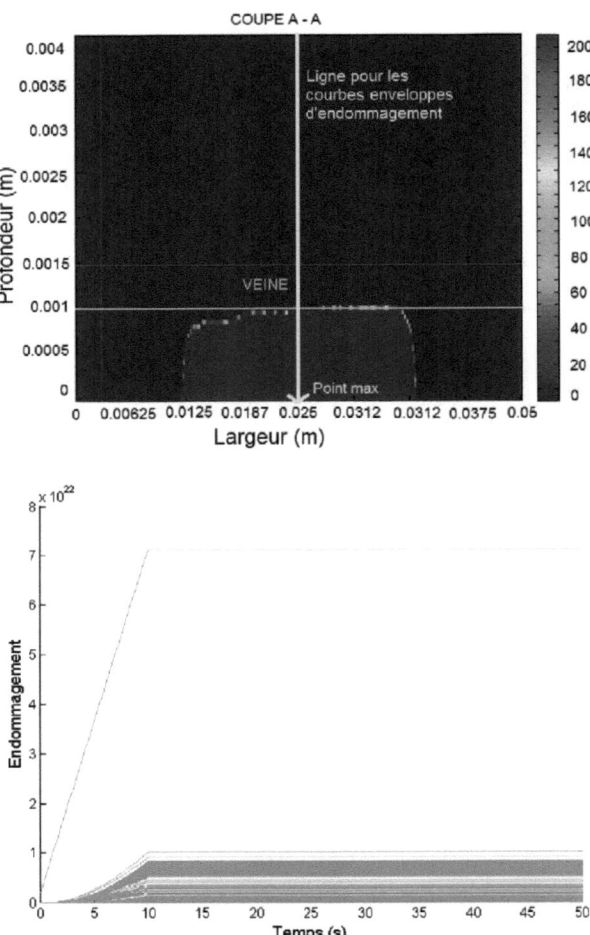

FIGURE 11.6 – *Endommagement dans le plan de **coupe** (A-A) (en haut) et courbes enveloppes d'endommagement suivant la profondeur, en fonction du temps (en bas).*

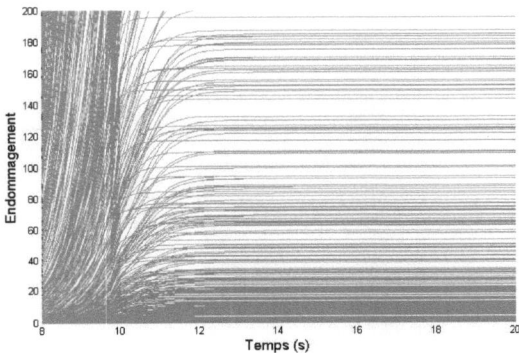

FIGURE 11.7 – *Zoom de la figure 11.6.*

figure 11.7).

La figure 11.8 représente l'endommagement dans le plan supérieur et les courbes enveloppes d'endommagement suivant la profondeur.

La figure 11.9 représente l'endommagement dans le plan de coupe B - B et les courbes enveloppes d'endommagement suivant la profondeur. Pour l'endommagement dans les plans de coupe des figures 11.8 et 11.9, le constat est le même que celui établi pour l'endommagement dans le plan de coupe A - A.

11.2.3 Evolution de l'endommagement en fonction des traitements

Nous étudions dans la suite, la valeur de l'endommagement thermique en fonction des traitements proposés.

Les trois paramètres dont le facteur de fréquence ξ, la température imposée T ainsi que le temps d'exposition t_Ω jouent un rôle important pour identifier le dommage engendré suite à une brûlure. De ce fait, nous avons pu évaluer l'évolution de l'endommagement en fonction de ces trois paramètres et les comparer pour proposer le meilleur procédé adapté contre la diffusion de l'endommagement.

La figure 11.10 représente les différentes courbes d'endommagement thermique suivant la profondeur en fin de traitement. Dans ce cas, nous avons utilisé un facteur de fréquence $\xi = 3,1.10^{90}$ s^{-1} pendant une durée d'exposition $t_\Omega = 10$ s, pour différentes températures de brûlure : 100^oC, 250^oC et 400^oC.

Pour T = 100^oC, on observe que la valeur de l'endommagement final est identique pour les trois traitements proposés. La zone endommagée atteint 1 mm de profondeur.

Par contre, pour T = 250^oC, on voit bien que le traitement par «air» reste le plus défavorable et que celui par «glaçon» semble le meilleur. La profondeur et l'intensité de l'endommagement

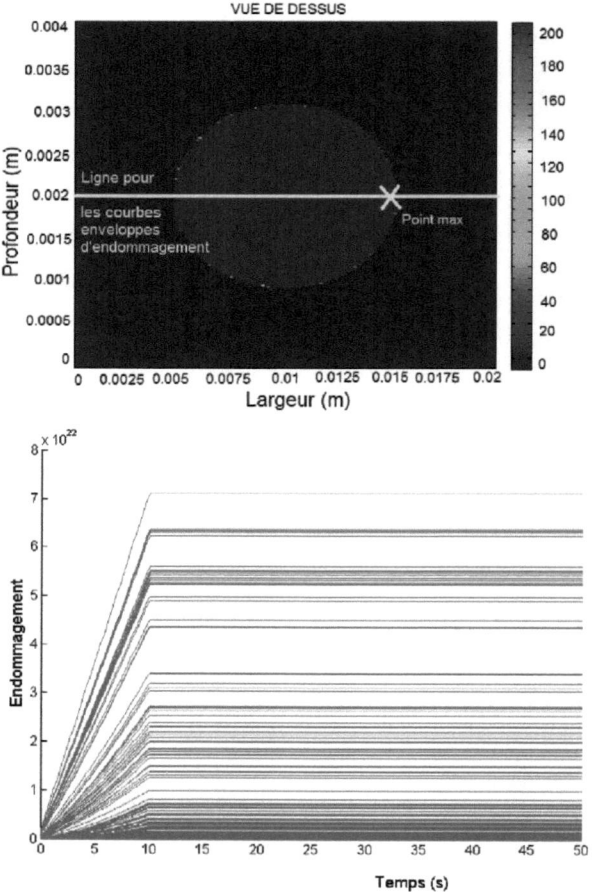

FIGURE 11.8 – *Endommagement dans le **plan supérieur** (en haut) et courbes enveloppes d'endommagement suivant la profondeur, en fonction du temps (en bas).*

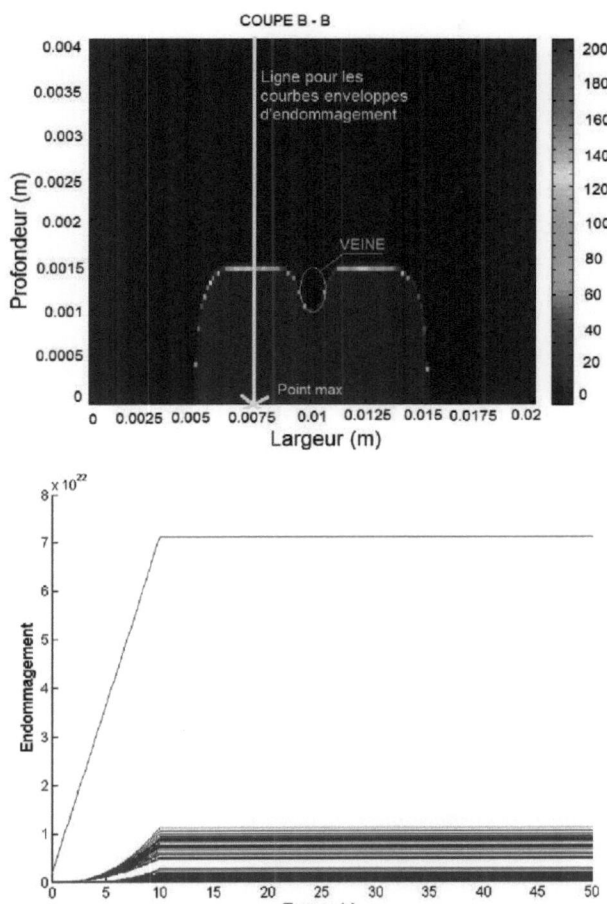

FIGURE 11.9 – *Endommagement dans le plan de* **coupe (B-B)** *(en haut) et courbes enveloppes d'endommagement suivant la profondeur, en fonction du temps (en bas).*

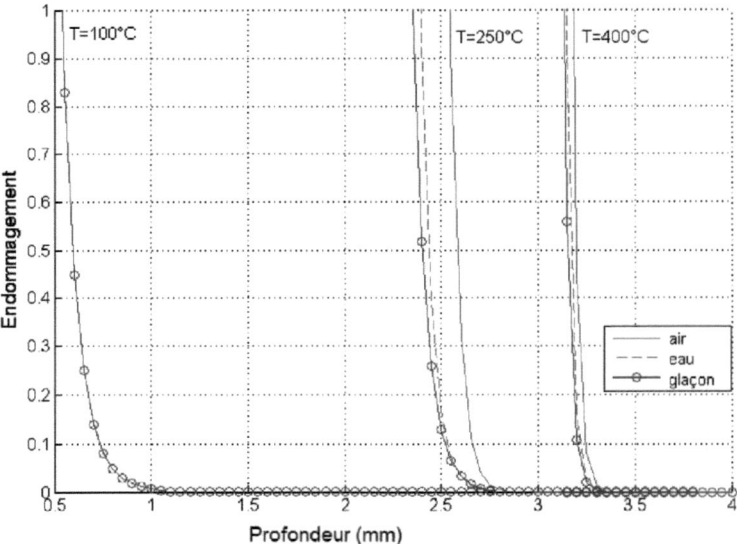

FIGURE 11.10 – *Pour chaque traitement : courbes d'endommagement thermique dans la profondeur suivant différentes températures imposées* ($T = 100^o C$, $T = 250^o C$ *et* $T = 400^o C$) *avec* $\xi =$ **3,1.10^{90} s^{-1}** *(Fugitt, 1955; Wu, 1982) et* t_Ω **= 10 s.**

sont les moins élevées.

Pour T = 400°C, l'évolution de l'endommagement est quasiment identique. La profondeur du tissu endommagé atteint environ 3,25 mm. La peau est quasiment touchée intégralement.

La figure 11.11 représente les différentes courbes d'endommagement thermique suivant la profondeur à un temps d'exposition hyperthermique moitié par rapport au test précédent, $t_\Omega = 5$ s.

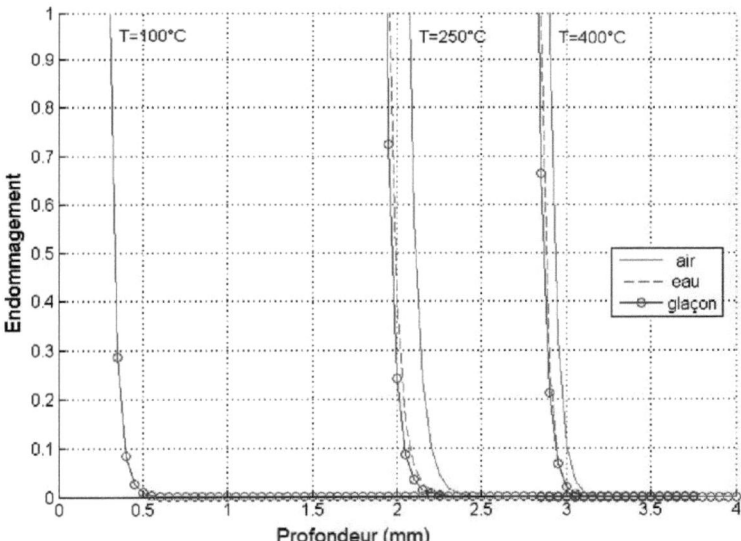

FIGURE 11.11 – *Pour chaque traitement : courbes d'endommagement thermique dans la profondeur suivant différentes températures imposées (T = 100°C, T = 250°C et T = 400°C) avec* $\xi =$ *3,1.10^{90} s^{-1} et t_\Omega = 5 s.*

Avec un temps d'exposition court $t_\Omega = 5$ s et une température imposée très élevée T = 400°C, l'endommagement atteint une profondeur de 3 mm.

Pour T = 250°C, la profondeur maximale d'endommagement est de 2,2 mm.

Pour T = 100°C, on observe que la valeur de l'endommagement ne dépend pas des traitements proposés et atteint 0,5 mm de profondeur. Là encore, le traitement par «glaçon» semble le plus approprié.

La figure 11.12 représente les différentes courbes d'endommagement thermique suivant la profondeur de la peau pour $t_\Omega = 10$ s, $\xi = 3,1.10^{70}$ s^{-1}.

Pour T = 100°C, on constate que l'endommagement est nul.

Pour T = 250°C, l'endommagement est identique pour les trois traitements et atteint 1 mm de profondeur.

Enfin, pour T = 400°C, la profondeur de l'endommagement est de 1,65 mm.

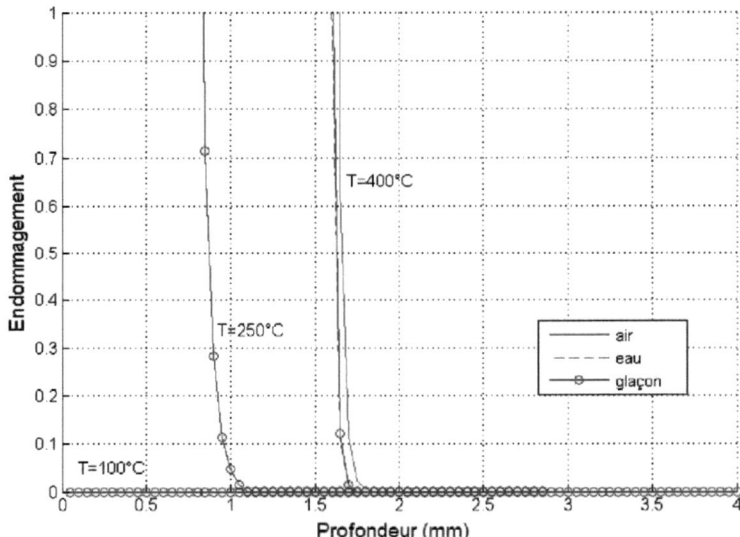

FIGURE 11.12 – *Pour chaque traitement : courbes d'endommagement thermique dans la profondeur suivant différentes températures imposées (T = 100°C, T = 250°C et T = 400°C) avec ξ = **3,1.10^{70} s^{-1}** (Mehta et Wong, 1973) et t$_\Omega$ = **10 s**.*

11.3 Commentaires

Pour T = 400°C, quelques soient les valeurs de ξ et t_Ω, l'endommagement est plus ou moins identique pour les trois traitements étudiées. Avec un temps d'exposition court, on observe que la valeur de l'endommagement change. Le temps d'exposition joue un rôle important pour évaluer l'endommagement thermique du tissu. Pour les trois résultats présentés ci-dessus, quand on impose une température peu élevée (T = 100°C), l'allure des courbes est uniforme. Les traitements n'ont pas d'influence. Ils n'ont une action sensible que lorsque la brûlure est moyennement importante. Dans ce cas, le traitement par «glaçon» semble le plus approprié.

CONCLUSION PARTIE III

La simulation numérique présentée dans cette dernière partie permet de déterminer l'état d'une structure soumise à un chargement transitoire. Un modèle numérique à base d'éléments finis a été utilisé pour analyser le comportement thermique de la peau. Il rend compte du comportement en "conducteur thermique" uniquement des tissus. Les calculs ont montré la relative des résultats entre la simulation numérique et l'expérimentation.

Un calcul d'endommagement thermique a été effectué en proposant trois approches pour réduire les dommages créés par les brûlures en limitant sa diffusion. Les résultats ont montré que le facteur de fréquence ξ, la température imposée T et le temps d'exposition t_Ω sont importants pour déterminer le dommage engendré suite à une brûlure. On a constaté que le traitement par «glaçon» s'est avéré le plus approprié quand la brûlure est modérée.

CONCLUSIONS GÉNÉRALES ET PERSPECTIVES

Nous nous sommes appuyés sur plusieurs études bibliographiques et avons mis en place des **protocoles expérimentaux** associés à deux différents types de dispositifs de mesures. Grâce à l'utilisation d'une caméra infrarouge, nous avons enregistré *in vivo* l'**évolution de la température** de la peau sur des avant-bras humains, au niveau desquels nous avons posé une barre d'acier cylindrique refroidie ou réchauffée pendant 20 secondes. L'enregistrement de l'image thermique a été réalisé pendant 90 secondes. Les mesures ont mis en évidence des phénomènes complexes. En effet, nous avons constaté très nettement les **influences de la circulation sanguine** dans les veines et de la perfusion sur la diffusion de la température. L'influence de la perfusion a été mise en évidence avec la comparaison des valeurs de températures obtenues pour différentes positions : horizontale, verticales ascendante et descendante de l'avant-bras étudié.

Par ailleurs, un dispositif échographique a été utilisé. Les mesures Doppler ont permis de compléter les informations mécaniques et anatomiques manquantes des veines étudiées (profondeur, diamètre et vitesse d'écoulement sanguin).

Nous avons constaté que le flux sanguin est plus important dans une position horizontale à cause de l'effet de la pesanteur. Le sang a plus de mal à circuler en position verticale qu'en position horizontale.

Nous avons réalisé une **étude comparative expérimentale du refroidissement et du réchauffement** chez l'homme et la femme. Nous avons constaté une **symétrie du comportement**. Nous avons aussi tenté d'effectuer une **mesure de la perfusion**. Le protocole expérimental a consisté à rester quelques minutes le bras en position verticale ou horizontale et à enregistrer l'image thermique pour mesurer l'effet de la perfusion au travers de sa signature thermique.

Dans la partie simulation numérique, nous avons essayé plusieurs modèles de calcul pour aboutir à un modèle final en **3D bi-couche**, en utilisant les propriétés des matériaux tirées de la recherche bibliographique. Ce modèle est basé sur l'**équation biothermique de Pennes** pour les tissus solides, et inclut la prise en compte de la veine comme un cylindre dans lequel s'écoule un fluide.

Le modèle numérique a permis de confirmer que la vitesse d'écoulement du sang était de l'ordre de 2 cm.s^{-1}, mais aussi que cette vitesse était plus faible lorsque l'avant-bras était en position verticale. C'est ce que nous avions observé expérimentalement. Il a montré aussi qu'il était nécessaire de diminuer la température du sang en position verticale.

Ce constat peut s'expliquer par les effets de la perfusion sanguine. En position verticale, le sang a tendance à quitter les petits vaisseaux et par conséquent les tissus environnants se refroidissent et ont donc tendance à refroidir le sang qui circule dans les veines.

Le couplage entre une approche expérimentale et un modèle numérique permet de mieux comprendre le comportement thermomécanique du tissu humain. Il offre un outil pour explorer le comportement du tissu exposé à des températures élevées.

Ainsi, nous avons étudié l'**endommagement thermique 3D multicouche** couplé au modèle numérique 3D.
Ce modèle d'endommagement a permis de proposer 3 différentes mesures de traitement des brûlures en essayant de diminuer la diffusion de l'endommagement. Les calculs ont montré que la diffusion de l'endommagement pouvait être diminuée. Sur nos exemples, il apparaît qu'un traitement consistant à apposer un glaçon sur la brûlure est plus efficace qu'un traitement par écoulement d'eau. Nos résultats montrent que ce constat n'est vrai que dans des conditions de brûlure "modérée". Cependant, ce modèle ouvre la voie à des travaux d'optimisation des traitements des brûlures.

Ce travail de thèse a de larges perspectives, tant dans l'expérimentation que dans la simulation numérique. Tout d'abord, dans l'**expérimentation**, nous avons rencontré certaines difficultés, notamment en ce qui concerne la démarche et le **protocole expérimental**. Le bras doit être immobile pendant l'enregistrement thermique pour obtenir des résultats exploitables. Les températures initiales des barres cylindriques utilisées doivent être identiques pour les différentes positions. De plus, le transfert de chaleur entre la barre et l'avant-bras est difficile à contrôler. Nous avons fait plusieurs expérimentations pour arriver à un protocole adéquat à notre objectif, que nous avons pu présenter dans ce mémoire. Mais des améliorations doivent être envisagées, comme de trouver un moyen d'immobilisation du bras pendant l'enregistrement de l'image.

Ensuite, nous avons réalisé des mesures expérimentales avec deux individus de sexe différent. Dans tous les cas, les résultats obtenus montrent clairement l'influence du transport de chaleur dans le tissu humain. Les résultats entre les sujets masculin et féminin sont identiques. On pourrait réaliser des mesures **chez plusieurs individus** (enfants - adultes) afin d'évaluer et d'identifier les différents paramètres des comparaisons des résultats, pour servir, pourquoi pas, une statistique de référence.

Dans ce travail, nous avons tenté de mesurer la perfusion. Le but initial était d'utiliser les effets de la pesanteur, en positionnant le bras en l'air suffisamment longtemps. Nous avons également fait cette mesure sur les trois positions de l'avant-bras chez un homme et une femme. Nous avons constaté que les effets de la perfusion ne dépendent pas du sujet. Les différents sujets ont les mêmes comportements. Une amélioration de l'expérience devrait être menée afin de **développer la mesure de la perfusion lors de sollicitations de longues durées**.

La dernière partie de cette thèse est consacrée à la simulation numérique en 3D multicouche de la peau et son dernier chapitre vise à modéliser l'**endommagement thermique** généré par la peau. Cette étude mériterait aussi d'être **poursuivie**.

Lors d'une de nos premières campagnes de test, nous avons accidentellement endommagé la peau de l'avant-bras en appliquant une barre trop froide (-17°C).
La figure C.G.1 montre l'image brute obtenue par le logiciel ALTAIR de l'avant-bras en position horizontale.
La figure C.G.2 montre l'évolution de température obtenue par ALTAIR en position horizontale.
Cette expérience malheureuse a toutefois permis de mettre en évidence un des mécanismes qui a amené à l'endommagement. En effet, on observe un comportement thermique particulier des points de mesure 3 et 5 dans les dix premières secondes après le retrait de la barre.
On observe un comportement qui semble être la signature d'un changement de phase dans les tissus.

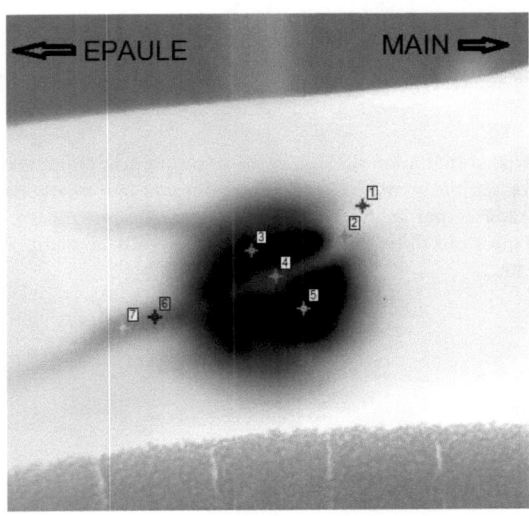

FIGURE C.G.1 – *Image expérimentale de l'avant-bras en position **horizontale** obtenue par **AL-TAIR** : sujet **féminin**, lors de l'apposition d'un stimulus de -17°C.*

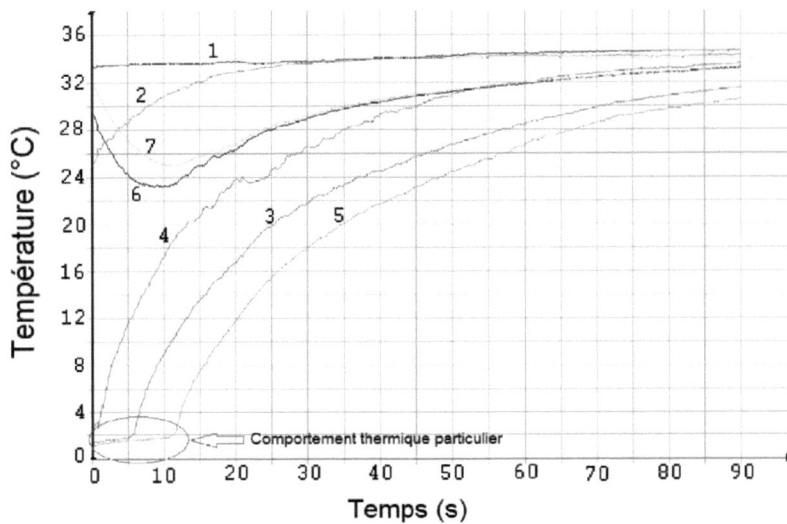

FIGURE C.G.2 – *Evolution de température en position **horizontale** obtenue par **ALTAIR** : sujet* ***féminin***.

Nous pourrions nous servir de ces résultats pour proposer un modèle d'endommagement par **hypothermie**.

Nous conclurons ce mémoire par une représentation graphique du travail réalisé (voir figure C.G.3). Elle rassemble les mots clefs du mémoire avec leur interconnexion. On peut voir dans cette figure, réalisée par le logiciel de (Gambette et Veronis, 2010), une représentation du réseau sanguin que nous nous sommes efforcés de prendre en compte tout au long de nos travaux de recherche.

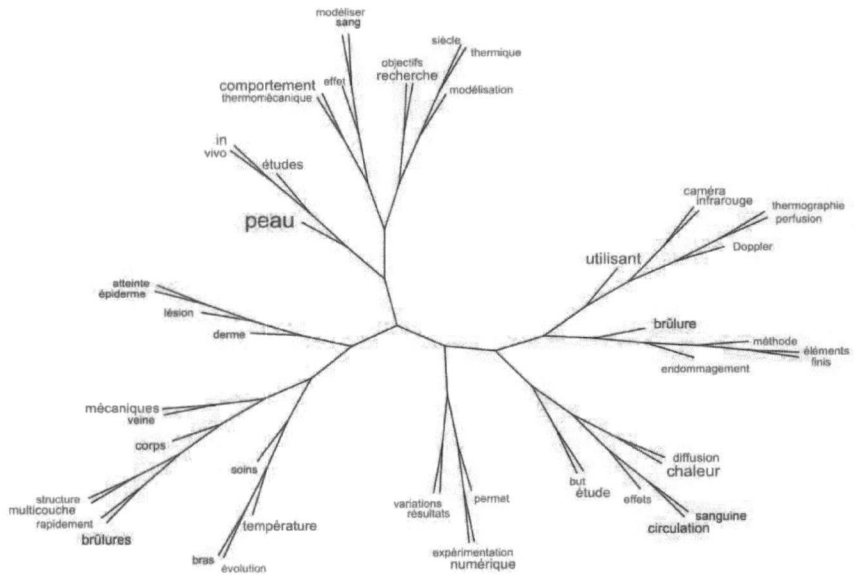

FIGURE C.G.3 – *Présentation des mots clefs et de leur connectivité dans ce travail de thèse, construit par le logiciel de (Gambette et Veronis, 2010).*

Annexes

ETUDE COMPARATIVE EXPÉRIMENTALE DU REFROIDISSEMENT ET DU RÉCHAUFFEMENT ENTRE LES SUJETS MASCULIN ET FÉMININ

Cette annexe présente les compléments de l'étude comparative expérimentale du refroidissement et du réchauffement entre sujets masculin et féminin. Nous avons analysé l'évolution de la température pour les trois points de contrôle aux sujets masculin et féminin dans différentes positions. Les résultats sont rassemblés dans les figures qui suivent. Ces résultats confirment la symétrie du comportement thermique.

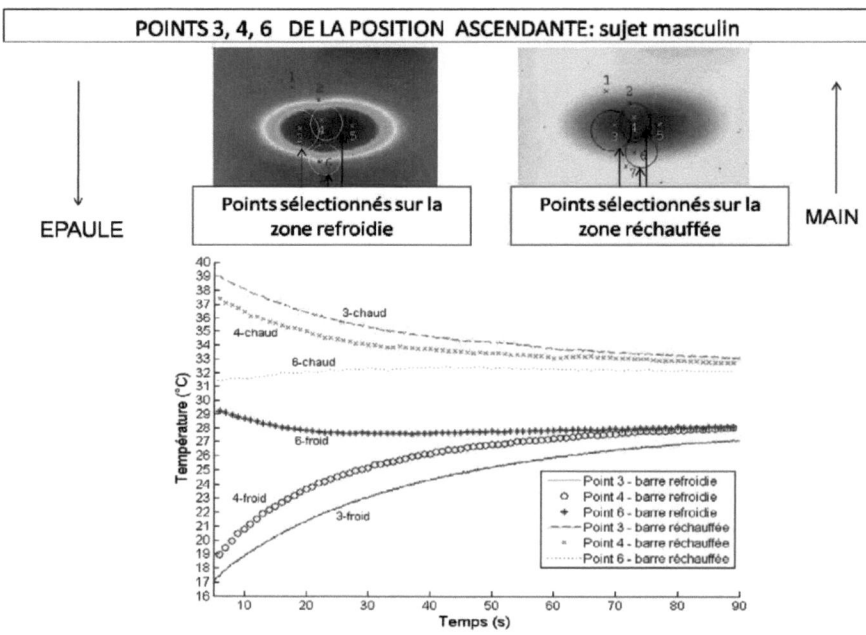

FIGURE A.1 – *Points sélectionnés et courbes de comparaison en position **verticale ascendante** : sujet **masculin**.*

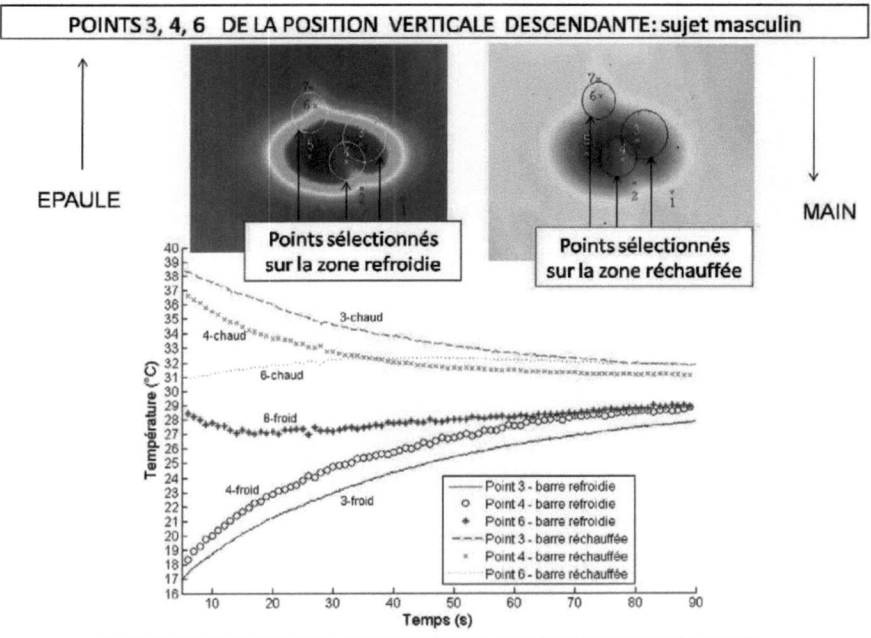

FIGURE A.2 – *Points sélectionnés et courbes de comparaison en position* ***verticale descendante*** : *sujet* ***masculin***.

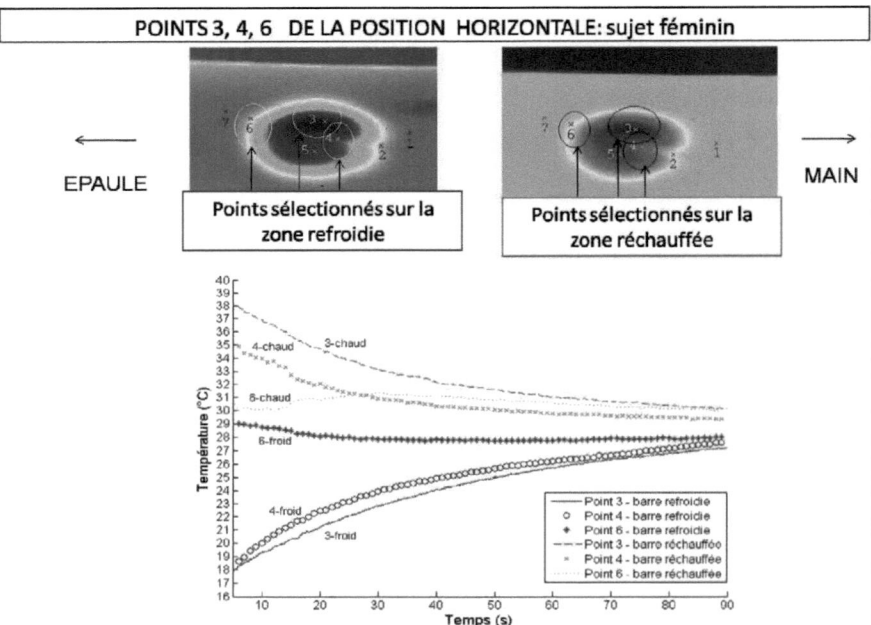

FIGURE A.3 – *Points sélectionnés et courbes de comparaison en position **horizontale** : sujet fé-minin.*

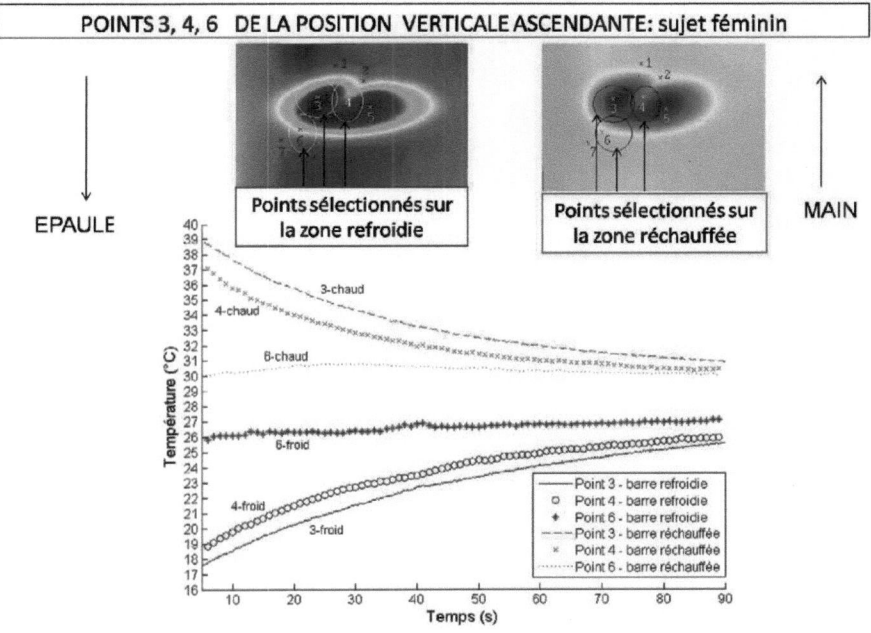

FIGURE A.4 – *Points sélectionnés et courbes de comparaison en position* **verticale ascendante** : *sujet* **féminin**.

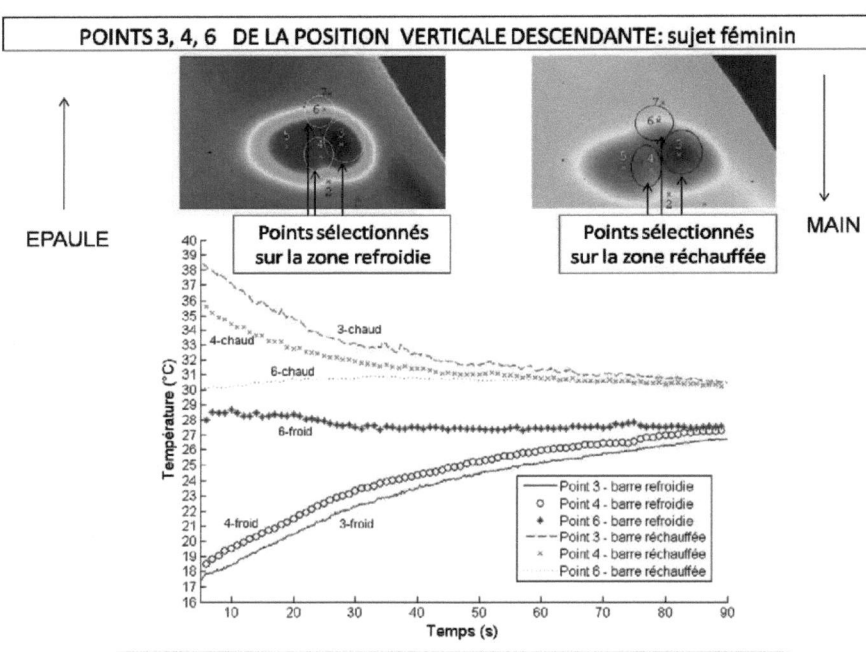

FIGURE A.5 – *Points sélectionnés et courbes de comparaison en position **verticale descendante** : sujet **féminin**.*

COMPARAISON DES RÉSULTATS NUMÉRIQUES ET EXPÉRIMENTAUX POUR LE SUJET MASCULIN

Nous présentons dans ce paragraphe, les compléments des résultats numériques et expérimentaux des différentes températures et vitesses du flux sanguin pour le sujet masculin.

B.1   Position horizontale - barre refroidie

La figure B.1 montre la comparaison pour la vitesse du flux sanguin égale à 3 cm.s^{-1} et une température de 32,5^{o}C, pour la position horizontale.

B.2   Position verticale ascendante - barre refroidie

Nous avons fait plusieurs tests pour la position verticale ascendante. La figure B.2 montre la comparaison pour la vitesse du flux sanguin égale à 2 cm.s^{-1} et une température de 32,5^{o}C, pour la position verticale ascendante.

La figure B.3 montre la comparaison pour la vitesse du flux sanguin égale à 2,5 cm.s^{-1} et une température de 32,5^{o}C, pour la position verticale ascendante.

La figure B.4 montre la comparaison pour la vitesse du flux sanguin égale à 3 cm.s^{-1} et une température de 32,5^{o}C, pour la position verticale ascendante.

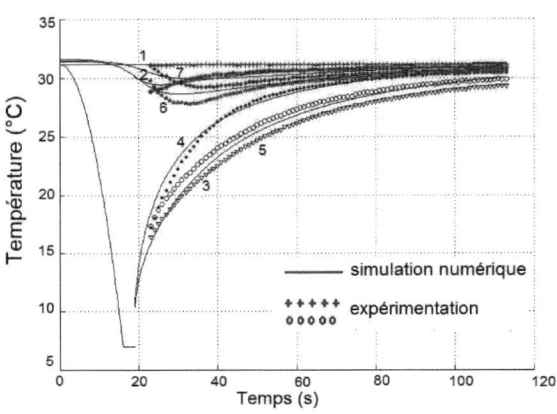

FIGURE B.1 – *Comparaison des résultats numériques et expérimentaux en position* **horizontale** *avec* $U_{max} = 3$ *cm.s*$^{-1}$ *et* T = 32,5°C *: sujet* **masculin** *- barre* **refroidie**.

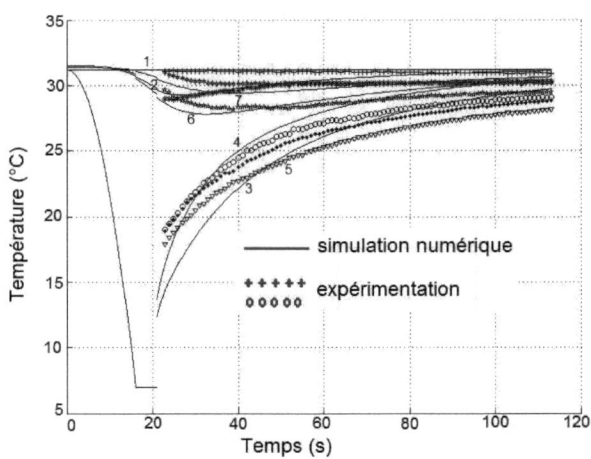

FIGURE B.2 – *Comparaison des résultats numériques et expérimentaux en position* **verticale** **ascendante** *avec* $U_{max} = 2$ *cm.s*$^{-1}$ *et* T = 32,5°C *: sujet* **masculin** *- barre* **refroidie**.

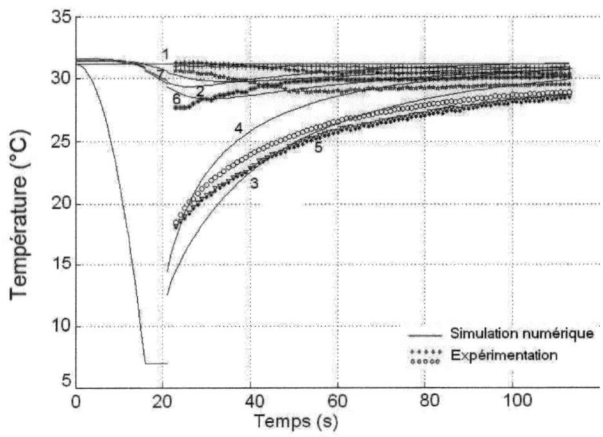

FIGURE B.3 – *Comparaison des résultats numériques et expérimentaux en position **verticale ascendante*** $U_{max} = 2{,}5\ cm.s^{-1}$ *et* $T = 32{,}5^{o}C$: *sujet **masculin** - barre **refroidie**.*

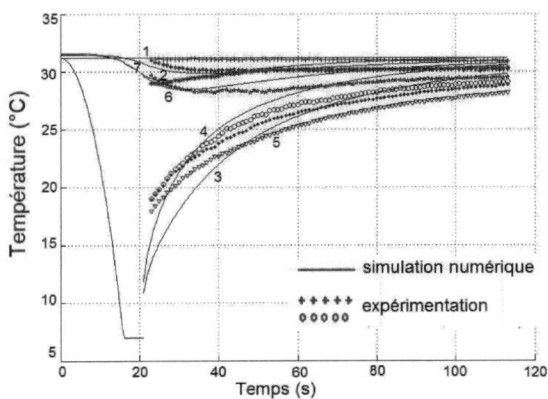

FIGURE B.4 – *Comparaison des résultats numériques et expérimentaux en position **verticale ascendante*** $U_{max} = 3\ cm.s^{-1}$ *et* $T = 32{,}5^{o}C$: *sujet **masculin** - barre **refroidie**.*

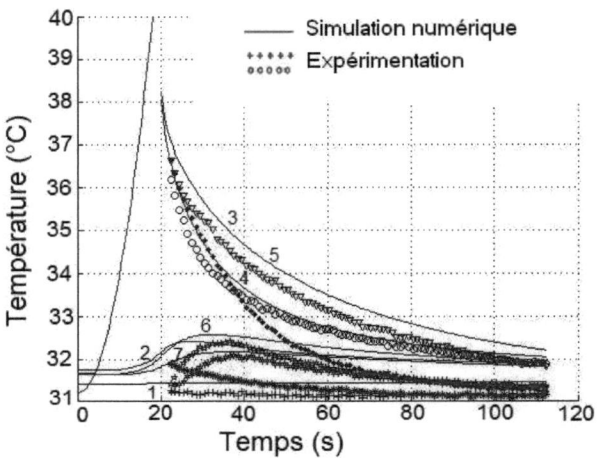

FIGURE B.5 – *Comparaison des résultats numériques et expérimentaux en position **horizontale*** U_{max} *=2,5 cm.s^{-1} et* T *= 32,5^{o}C : sujet **masculin** - barre **réchauffée**.*

B.3 Position horizontale - barre réchauffée

Pour la barre réchauffée, nous avons fait également la comparaison des résultats numériques et expérimentaux. La figure B.5 montre la comparaison pour la vitesse du flux sanguin égale à 2,5 cm.s^{-1} et une température de 32,5^{o}C, pour la position horizontale.

B.4 Position verticale ascendante - barre réchauffée

La figure B.6 montre la comparaison pour la vitesse du flux sanguin égale à 2,5 cm.s^{-1} et une température de 32,5^{o}C, pour la position verticale ascendante.

La figure B.7 montre la comparaison pour la vitesse du flux sanguin égale à 2,5 cm.s^{-1} et une température de 32,3^{o}C, pour la position verticale ascendante.

La figure B.8 montre la comparaison pour la vitesse du flux sanguin égale à 2,5 cm.s^{-1} et une température de 32°C, pour la position verticale ascendante.

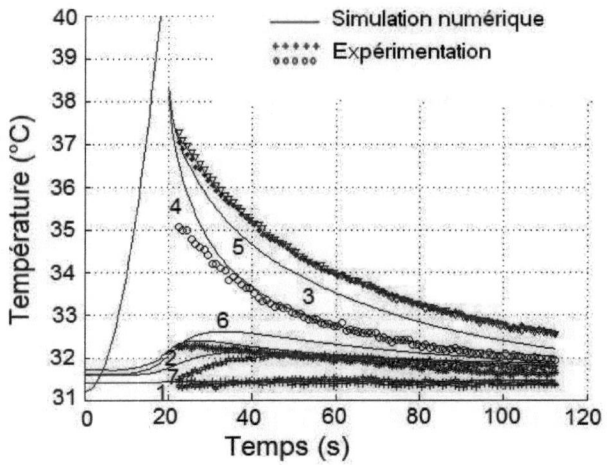

FIGURE B.6 – *Comparaison des résultats numériques et expérimentaux en position* **verticale** **ascendante** U_{max} =2,5 cm.s^{-1} et T = 32,5° C : sujet **masculin** - barre **réchauffée**.

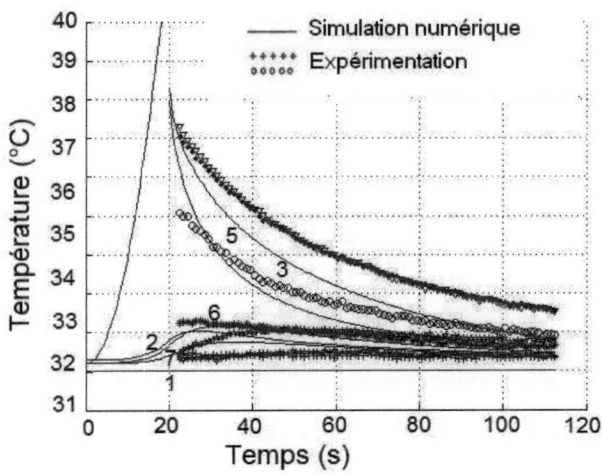

FIGURE B.8 – *Comparaison des résultats numériques et expérimentaux en position* **verticale** **ascendante** U_{max} =2,5 cm.s^{-1} et T = 32° C : sujet **masculin** - barre **réchauffée**.

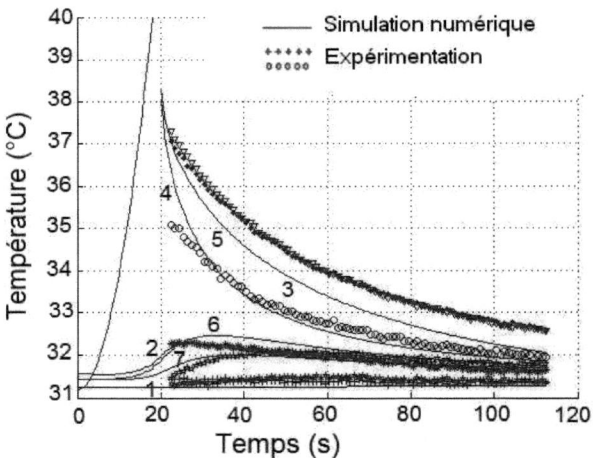

FIGURE B.7 – *Comparaison des résultats numériques et expérimentaux en position* **verticale** **ascendante** U_{max} *=2,5 cm.s^{-1} et* T *= 32,3^{o}C : sujet* **masculin** *- barre* **réchauffée**.

BIBLIOGRAPHIE

P. AGACHE : Physiologie de la peau et explorations fonctionnelles cutanées. *Collection explorations fonctionnelles humaines, ISBN : 274300360X*. 2000. Cité en page 12.

A. AKSAN : Thermal damage prediction for collagenous tissues. part i : A clinically relevant, two-dimensional numerical simulation. *Submitted to the ASME Journal of Biomechanical Engineering*, pages 1–44, 2004. Cité en pages 40 et 43.

I. ALANEN : Mapping the Rural Problem in the Baltic Countryside. Transitions Processes in the Rural Areas of Estonia. *Thèse de doctorat, Latvia and Lithuania, Ashgate*, 2004. Cité en page 2.

ANSY : L'effet Doppler en imagerie médicale. 2001. URL http://effetdoppler.linkfanel.net/imgmedic.html. Cité en pages vii et 68.

A. ANTHONY : Textbook of Anatomy and Physiology. *The C. V. Moshy Co, St. Louis*, 10:70–73, 1979. Cité en page 10.

L. AUTRICHE et C. LORMEL : Numerical design of experiment for sensitivity analysis - application to skin burn injury prediction. *IEEE transaction in Biomedical Engineering*, 55(4):1279–1290, 2008. Cité en page 1.

J.W. BAISH, K. MUKUNDAKRISHNAN, P.S. AYYASWAMY : Numerical Models of Blood Flow Effects in Biological Tissues. *Advances in Numerical Heat Transfer*, 3 :29–74, 2009. Cité en page 29.

R.L. BARKER, G. SONG, H. HAMOUDA, D.B. THOMPSON, A.V. KUZNETSOV et A.S. DEATON : Modeling of thermal protection outfits for fire exposures. *National Textile Center Annual Report*, 2003. Cité en pages 29 et 41.

S. BARTON et R. MARKS : Measurement of collagen-fibre diameter in human skin. *Journal of Cutaneous Pathology*, 11(1):2–80, 1984. Cité en page 2.

G.K. BATCHELOR : An Introduction to Fluid Dynamics. *Cambridge University Press, ISBN : 0 521 66396 2*, 1967 Cité en page 30.

D. BAUER : Modélisation mécanique par approche continue et discrète des variations du flux sanguine dans la peau et validation expérimentale. *Thèse de doctorat, Université de Technologie de Compiègne*, 2004. Cité en pages 9 et 49.

BIBLIOGRAPHIE

D. BAUER, R. GREBE, A. EHRLACHER : A new method to model change in cutaneous blood flow due to mechanical skin irritation : Part II : Parameter identification procedure. *Journal of Theoretical Biology*, 238 :588–596, 2006. Cité en page 10.

P. BARTHEZ : L'Image Ultrasonore. Bases Techniques et Matériel. Site de l'Unité Médicale de Radiologie. Imagerie médicale. 2006. URL http://www2.vet-lyon.fr/ens/imagerie/D1/11.Echo1/E1-notes.html. Non cité.

P. BÉLIN et A. BUISSON : L'échographie. 2009. URL http://tpe1echo.wordpress.com/2009/01/25/i-principe-les-ultrasons/. Cité en pages 66 et 67.

A. BERGER, B.E. DAHLBERG, W. GEBHARD, K. SEIDL : The experimental and clinical use of colour thermography in the evaluation of the extend and depth of burns. *Chirurgia Plastica*, 3(2) :135–142, 1975. Cité en page 40.

R. BERNARD G. NEMGUY M. SCWARTZ : Le rayonnement solaire : conversion thermique et applications. *Technique et documentation Lavoisier, ISBN : 978 2 85206 043 2*. 1979. Cité en page 31.

J.-P. BONNIN, C. GRIMAUD, J.-C. HAPPEY et J.-M. STRUB : *Plongée sous-marine et milieu sub-aquatique*. 2003. Cité en pages 1 et 14.

C. BOUÉ, F. CASSAGNE, C. MASSOUD et D. FOURNIER : Thermal imaging of a vein of the fo-rearm : Analysis and thermal modelling. *Infrared Physics and Technology*, 51:13–20, 2007. Cité en page 49.

N. BOUZIDA, A. BENDADA et X.P. MALDAGUE : Visualization of body thermoregulation by infrared imaging. *Journal of Thermal Biology*, 34:120–126, 2009. Cité en page 52.

T. BRUNIER : Dynamique des fluides visqueux en écoulement incompressible. *Mécanique des fluides*, pages 6–19, 2010. Cité en page 23.

E.L. CARSTENSEN, M.W. MILLER et C.A. LINKE : Biological effects of ultrasound. *J. Bio Phys*, 2:173–192, 1974. Cité en page 43.

J-M. CHASSÉRIAUX : Conversion Thermique du Rayonnement Solaire. *Dunod, Paris, ISBN : 9782040156015*. 1984. Cité en page 31.

B. CHEN, D.C. O'DELL, S.L. THOMSEN, B.A. ROCKWELL et A.J. WELCH : Porcine skin ed 50 damage thresholds for 2,000 nm laser irradiation. *Lasers in Surgery and Medicine*, 37:373–381, 2005. Cité en page 40.

M.M. CHEN et K.R. HOLMES : Microvascular contributions in tissues heat transfer. *Annals of the New York Academy of Sciences*, 335:137–150, 1980. Cité en page 34.

H. CHNELL et ZASPEL : Cooling extensive burns : Sprayed coolants can improve initial cooling management : A thermography-based study. *Burns*, 34:505–508, 2008. Cité en page 49.

BIBLIOGRAPHIE

A. CHRYSOCHOOS : Dissipation et blocage d'énergie lors d'un écrouissage en traction simple. *Thèse de doctorat, Université des Sciences et Techniques du Languedoc*, 1987. Cité en page 52.

A. CHRYSOCHOOS, V. HUON, F. JOURDAN, J.-M. MURACCIOLE, R. PEYROUX, B. WATTRISSE : Use of Full-Field Digital Image Correlation and Infrared Thermography Measurements for the Thermomechanical Analysis of Material Behaviour. *Strain*, 46:117–130, 2010. Cité en page 52.

C.C. CHURCH : Thermal dose and the probability of adverse effects from hifu. *Proceedings of the AIP Conference*, 911:131–137, 2007. Cité en page 43.

D. CHURCH, S. ELSAYED, O. REID, B. WINSTON et R. LINDSAY : Burn wound infections. *Clinical Microbiology Reviews*, 19(2):403–434, 2006. Cité en pages 1 et 10.

R. COMOLET : Mécanique expérimentale des fluides. Tome II : Dynamique des fluides réels, turbomachines. *Deuxième édition Masson, ISBN : 2225424381*. 1976. Cité en page 23.

Z. DAGAN, S. WEINBAUM et L.M. JIJI : Parametric studies on the three layer microcirculation model for surface temperature exchange. *ASME Trans. J. of Biomech. Eng.*, 108:89, 1986. Cité en pages 19 et 41.

E. DE BOER, D. BRUYNZEEL : Patch tests : Evaluation by instrumental methods. *Clinics in Dermatology*, 31:203–222, 1996. Cité en page 49.

J. DE BREE, J.F. VAN DER KOIJM, J.J. LAGENDIJK : A 3-D SAR model for current source interstitial hyperthermie. *IEEE Trans. on Biomed. Eng.*, 43(10):1038–1045, 1996. Cité en page 41.

J. DELALLEAU : Analyse du comportement mécanique de la peau in vivo. *Thèse de doctorat, Laboratoire de tribologie et dynamique des systèmes - ENISE*, 2007. Cité en pages vii, 2, 11 et 12.

Z.-S. DENG et J. LIU : Parametric studies on the phase shift method to measure the blood perfusion of biological bodies. *Med Eng Phys*, 22:693–702, 2000. Cité en page 138.

W.C. DEWEY : Arrhenius relationships from the molecule and cell to the clinic. *Radiation Oncology Research Laboratory, University of California*, 10(4):457–483, 1994. Cité en page 43.

W.C. DEWEY, L.E. HOPWOOD, S.A. SAPARETO et L.E. GERWECK : Cellular responses to combinations of hyperthermia and radiation. *Radiation Oncology Research Laboratory, University of California*, 123:463–474, 1977. Cité en page 43.

K.L. DILLER et J.A. PEARCE : Issues in modeling thermal alterations in tissues. *Annals of New York Academy of Sciences*, 888:153–164, 1999. Cité en pages xiii et 44.

J.R. DJENANE : Les brûlures. Service des brûlés. *C.H.U. Bendadis*, 2002. Cité en pages 15, 16, 17 et 18.

BIBLIOGRAPHIE

C.E. Fugitt : A rate process of thermal injury. *Armed Forces Special Weapons Project AFSWP*, 606, 1955. Cité en pages xi, xiii, 42, 142 et 148.

Y.C. Fung : Biomechanics : Circulation. 1996. Cité en page 39.

P. Gambette et J. Veronis : Visualising a text with a tree cloud, in locarek-junge h. and weihs c. *Classification as a Tool of Research, Proc. of IFCS'09 (11the Conference of the International Federation of Classification Societies*, pages 561–570, 2010. Cité en pages xii, 156 et 157.

G. Gaussorgues : La thermographie infrarouge : Principes, technologies, applications. *4ème édition, Lavoisier ISBN-10 : 2743002905*, 1999. Cité en page 53.

D.C. Gaylor : Physical mechanisms of cellular injury in electrical trauma. *Thèse de doctorat, Massachusetts Institute of Technology*, 1989. Cité en pages xiii et 42.

A.J. Geras : Dermatology. A Medical Artist's Interpretation. 1990. Cité en pages vii, 12 et 13.

T.R. Gowrishankar, D.A. Stewart, G.T. Martin et J.C. Weaver : Transport lattice models of heat transport in skin with spatially heterogeneous, temperature-dependent perfusion. *BioMedical Engineering OnLine*, 3:42, 2004. Cité en page 123.

B.G. Green : Measurement of sensory irritation of the skin. *American Journal of Contact Dermatology*, 146:170–180, 2000. Cité en page 10.

P.Y. Gueugniaud : Prise en charge dese brûlés graves pendant les 72 premières heures. *Annales Françaises d'Anésthésie et de Réanimation*, 16:354–369, 1997. Cité en page 1.

M.E.J. Hackett : The use of thermography in the assessment of depth of burn and blood supply in flaps, with preliminary reports on its use in deep dupuytren's contracture and treatment of varicose ulcers. *British Journal of Plastic and Surgery*, 27(4):311–317, 1974. Cité en pages 40 et 52.

F.M. Hendriks : Mechanical behaviour of human skin in vivo. *A Literature Review*, 2001. Cité en pages vii, 2 et 13.

F. Henriques et A. Moritz : Studies of thermal injury. i. the conduction of heat to and through skin and the temperatures attained therein. a theoretical and a experimental investigation. *Am. J. Pathol.*, 23:1–549, 1947. Cité en page 41.

C. Hirsch et L. Sonnerup : Macroscopic rheology in collagen material. *J. Biomechanics*, 1:13–18, 1968. Cité en page 2.

K.-H. Hsu et H. Wildnauer : The mechanical properties of stratum corneum : I. the effect of water and ambient temperature on the tensile properties of newborn rat stratum corneum. *Biochimica and Biophysica*, 399(1):170–180, 1975. Cité en page 2.

BIBLIOGRAPHIE

V. HUON : Une étude expérimentale et une première modélisation du comportement endommageable de quelques bétons. *Thèse de doctorat, Université de Montpellier II*, 2001. Cité en page 52.

W.T. HUMPHRIES et R.H. WILDNAUER : Thermomechanical analysis of stratum corneum ii. application. *Journal of Investigative Dermatology*, 58:9–13, 1972. Cité en page 2.

E. JACQUET, G. JOSSE, F. KHATYR et C. GARCIN : A new experimental method for measuring skin's natural tension. *Skin Res. Technology*, 14 (1):1–7, 2008. Cité en page 2.

G. JEMEC, E. SELVAAG, M. AGREN et H. WULF : Measurement of the mechanical properties of skin with ballistometer and suction cup. *Skin Researchand Technology*, 7:122–126, 2001. Cité en page 10.

S.C. JIANG, N. MA, H.J. LI et X.X. ZHANG : Effects of thermal properties and geometrical dimensions on skin burn injuries. *Burns*, 28:713–717, 2002. Cité en page 123.

U. JYOTI, DEVKOTA et V.P. SAXENA : Mathematical modeling applied to burn injuries. *Kathmandu University Journal of Science, Engineering and Technology*, 1(1), 2005. Cité en pages 19 et 42.

A. KAIZAWA et N. MARUOKA : Thermophysical and heat transfer properties of phase change material candidate for waste heat transportation system. *Mass Transfer*, 44:763–769, 2008. Cité en page 18.

R.D. KENNETH, J.W. VALVANO et J.A. PEARCE : *Bioheat Transfer.* 2000. Cité en page 2.

K. KHANAFER et K. VAFAI : Synthesis of mathematical models representing bioheat transport. *Advances in Numerical Heat Transfer*, 3:1–28, 2009. Cité en page 2.

H.G. KLINGER : Heat transfer in perfused biological tissue. general theory. *Bull.Math.Biol.*, 36:403–415, 1974. Cité en page 33.

P.-Y. LAGRÉE : Conduction Coefficient d'échange. Cours ENSTA. 2010 URL http://www.lmm.jussieu.fr/lagree/COURS/ENSTA/C2cond.ENSTA.pdf. Cité en pages 122, 140 et 141.

A. LAPLANTE : Mécanismes de ré épithélialisation des plaies cutanées expression des protéines de stress chez la souris et analyse à l'aide d'un nouveau modèle tridimensionnel humain développé par génie tissulaire. *Thèse de doctorat, Faculté d'étude supérieure de l'Université de Laval*, 2002. Cité en page 11.

F. LASSAGNE : La peau : Une frontière bien vivante. *Science et Vie*, 226:24–31, 2004. Cité en pages 9 et 12.

R.N. LAWSON, G. WLODEK et D.R. WEBSTER : Thermographic assessment of burns and frostbite. *Canadian Medical Association Journal*, 84(20):1129–1131, 1961. Cité en page 40.

BIBLIOGRAPHIE

J.L. Levêque, P. Corcuff, J. De Rigal et P. Agache : In vivo studies of the evolution of physical properties of the human skin with age. *Int. J. Dermatol.*, 23:322–329, 1984. Cité en page 2.

H. Louche : Analyse par thermographie infrarouge des effets dissipatifs de la localisation dans des aciers. *Thèse de doctorat, Université Montpellier 2*, 1999. Cité en page 52.

N. MacLennan, D.M. Heimbach et B.F. Cullen : Anesthesia for major thermal injury. *Anesthesiology*, 89:749–770, 1998. Cité en page 1.

J.F.M. Manschot, P.F.F. Wijn et A.J.M. Brakee : The angular distribution function of the elastic fibers in the skin as estimated from in vivo measurements. *Biomechanics principles and applications*, 1:411–418, 1982. Cité en page 12.

B.R. Mason, A.J. Graff et S.P. Pegg : Colour thermography in the diagnosis of the depth of the burn injury. *Burns*, 7:197–202, 1981. Cité en pages 40 et 52.

P. Mazur : Freezing of livin cells : Mechanisms and implications. *Am. J. Physiol.*, 247:C125–C142, 1984. Cité en page 41.

A.K. Mehta et F. Wong : *Measurement of Flammability and Burn Potential of Fabrics.* 1973. Cité en pages xi, xiii, 42 et 150.

A. Melissopoulos et C. Levacher : La peau : structure et physiologie. 1998. Cité en page 10.

G.N. Mercer et H.S. Sidhu : Modeling thermal burns due to airbag deployment. *Burns*, 31(8):977–980, 2005. Cité en pages xiii, 18, 19 et 44.

E. Middelkoop, A.J. Bogaerdt, E.N. Lamme, M.J. Hoekstra, K. Brandsma et M.M.W. Ulrich : Porcine wound models for skin substitution and burn treatment. *Biomaterials*, 25:91559–1567, 2004. Cité en page 40.

W.J. Minkowycz, E.M. Sparrow et J.P. Abraham : *Advances in Numerical Heat Transfer.*, volume 3. 2009. Cité en pages 19, 33, 34, 36, 37, 40, 42 et 43.

R. Mladick, N. Georgiade et F. Thorne : A clinical evaluation of the use of thermography in determining degree of burn injury. *Plastic and Reconstructive Surgery*, 38(6):512–518, 1966. Cité en page 40.

W. Montagna et J.S. Yung : The skin of the domestic pig. *Journal of investigative dermatology*, 42:11–21, 1964. Cité en page 40.

A. Moritz et F. Henriques : Studies of thermal injury. ii the relative importance of time and surface temperature in the causation of cutaneous burns. *The American Journal of Pathology*, 23:695–720, 1947. Cité en pages xiii, 41, 42, 44 et 142.

N. Museux : Expertise biothermique de matériaux soumis à des rayonnements infrarouges intenses. De l'identification paramétrique à l'évaluation des risques de brûlure. *Thèse de doctorat, Université d'Angers*, 2010. Cité en pages vii, 1, 10, 13, 17 et 40.

BIBLIOGRAPHIE

E.Y.K. NG et L.T. CHUA : Comparison of one- and two-dimensionnal programmes for predicting the state of skin burns. *Burns*, 28:27–34, 2002. Cité en pages xiii, 18 et 44.

OXLUND et AL. : Structure-function associations between elastic fibres and collagen. pages 104–220, 1988. Cité en page 2.

S. OZEN, S. HELHEL et O. CEREZCI : Heat analysis of biological tissue exposed to microwave by using thermal wave model of bio-heat transfer (twmbt). *Burns*, 34(1):45–49, 2008. Cité en page 138.

D. PAJANI : Mesure par Thermographie Infrarouge. 1989. Cité en pages xiii et 54.

D. PAJANI : Thermographie : principes et mesure. *Techniques de l'ingénieur : Traité Mesures et Contrôle*, R 2 430:08–18, 2001. Cité en pages xiii et 54.

M.M. PANJABI, R.A. BRAND et A.A. WHITE : Three-dimensional flexibility and stiffness properties of the human thoracic spine. *Journal of Biomechanics*, 9(4):185–192, 1976. Cité en page 2.

F. PAPINI et P. GALLET : Thermographie Infrarouge : Image et Mesure. 1994. Cité en page 53.

J.A. PEACE, S.L. HOMSEN, H. VIJVERBERG et T.J. MCMURRAY : Kinetics for birefringence changes in thermally coagulated rat skin collagen. *In. Proc. SPIE*, 1876:180–185, 1993. Cité en pages xiii et 42.

H.H. PENNES : Analysis of tissue and arterial blood temperature in the resting human forearm. *J. Appl. Physiol.*, 1(2):93–122, 1948. Cité en page 27.

J.Y. PETIT, P. GAUSSORGUES, F. SALORD, M. SIRODOT, B. LANGEVIN et D. ROBERT : Etude prospective des complications de la ventilation mécanique observées chez 126 patients. *Réanimation Urgences*, 2(5):521–526, 1993. Cité en page 1.

G. PEYREFITTE : *Biologie de la peau*. 1997. Cité en page 9.

T. POTTIER : Identification paramétrique par recalage de modèles éléments finis couplée à des mesures de champs cinématiques et thermiques. *Thèse de doctorat, Université de Savoie*, 2010. Cité en page 52.

H. PRON, C. BISSIEUX : Focal plane array infrared cameras as research tools. *Int. J. of QIRT*, 1(2):229–240, 2004. Cité en page 52.

C. PROST-SQUARCIONI : Histologie de la peau et des follicules pileux. *Médicine Sciences*, 22(2): 131–137, 2006. Cité en page 11.

M. QUINTARD, M. PRAT, A. MOJTABI et S. BORIES : Transferts de chaleur dans les milieux poreux. conduction, convection, rayonnement. *Techniques de l'ingénieur*, pages 1–22, 2008. Cité en page 30.

179

BIBLIOGRAPHIE

M.S. RADHOUANI et N. DAOUAS : Exercices résolus de thermique. Tome 1. Lois de base et conduction. 2008. Non cité.

K.N. RAI : Heat transfer inside the tissues with a supplying vessel for the case when metabolic heat generation and blood perfusion are temperature dependent. *Heat and Mass Transfer*, 35:345–350, 1999. Cité en pages 18 et 19.

W. ROETZEL et Y. XUAN : Transient response of the human limb to an external stimulus. *Int. J. Heat Mass Transfer*, 41:229–239, 1998. Cité en page 122.

J.E. ROHAN et B. SCHLEMMER : Les brûlures : Réanimation et médecine d'urgence. *Expansion scientifique Française*, pages 125–205, 1987. Cité en page 17.

D. ROLF : The protective functions of the skin. issue 36, April 2004. URL http://www.scf-online.com. Cité en pages vii et 15.

S. ROUQUETTE, E. ROUHAUD, H. PRON, F. MANUEL, C. BISSIEUX, A. ROOS : Thermomechanical Modelling of a Steel Plate Impacted by a Shot and Experimental Validation. *Materials Science Forum*, 524-525:167–172, 2006. Cité en page 52.

P. ROUSSEL : Microcapteur de conductivité thermique sur caisson épais de silicium poreux pour la mesure de la microcirculation sanguine. *Thèse de doctorat, Institut National des Sciences Appliquées de Lyon*, 1999. Cité en page 105.

B. RUBINSKY : Heat transfer in biomedical engineering and biotechnology. *In Proceedings of the 5th ASME/JSME Joint thermal Engineering Conference*, 1999. Cité en pages 19 et 43.

B. RUBINSKY : Numerical Bio-heat Transfer. Chap 26. Numerical Heat Transfer. 2009. Cité en pages 28 et 43.

A. SHITZER et R.C. EBERHART : Heat transfer in medicine and biology : Analysis and application, volume 1-2. 1985. Cité en pages 29, 41 et 138.

M.M. SWINDLE et A.C. SMITH : Swine in biomedical research. in models for biomedical research. *Human Press. Inc.*, pages 233–239, 2008. Cité en page 40.

A.N. TAKALA, J. ROUSE et T. STANLEY : Thermal Analysis Program, volume 1-2. 1973. Cité en pages xiii, 41 et 42.

H.-V. TRAN : Caractérisation des propriétés mécaniques de la peau humaine in vivo. *Thèse de doctorat, Université de Technologie Compiègne*, 2007. Cité en pages 1, 2, 9 et 14.

N.J. VARDAXIS, T.A. BRANS, M.E. BOON, R.W. KREIS et L.M. MARRES : Confocal laser scanning microscopy of porcine skin : Implications for human wound healing studies. *Journal of Anatomy*, 190:601–611, 1997. Cité en page 40.

S.A. VICTOR et V.L. SHAHA : Steady state heat transfer to blood flowing in the entrance region of a tube. *Int. J. of Heat and Mass Transfer*, 19:777, 1976. Cité en page 19.

BIBLIOGRAPHIE

H. VOGEL : Bioengineering of the skin : skin biomechanics. chapter mechanical properties of human skin. *Press LLC*, pages 17–40, 2002. Cité en pages 9, 10, 12, 13, 14 et 39.

J.A. WEAVER et A.M. STOLL : Bioengineering of the skin : skin biomechanics. chapter mechanical properties of human skin. *Aerospace Med.*, 40:24–30, 19869. Cité en pages xiii et 42.

S. WEINBAUM et L. JIJI : A new simplified equation for the effect of blood flow on local average tissue temperature. *ASME J. Biomech. Eng.*, 107:131–139, 1985. Cité en pages 28 et 37.

S. WEINBAUM et L.M. JIJI : A two phase theory for the influence of circulation on the heat transfer in surface tissue. *Advances in Bioengineering*, pages 179–182, 1979. Cité en page 36.

S. WEINBAUM, L.M. JIJI et D.E. LEMONS : Theory and experiment for the effect of vascular temperature on surface tissue heat transfer - part i : Anatomical foundation and model conceptualization. *ASME Journal of Biomedical Engineering*, 106:331–341, 1984. Cité en page 36.

G. WILKES, I. BROWN et R. WILDNAUER : The biomechanical properties of skin. *CRC Critical Reviews in Bioengineering*, pages 453–495, 1973. Cité en page 10.

Y.C. WU : A modified criterion for predicting thermal injury. *National Bureau Standardss, Washington*, 1982. Cité en pages xi, xiii, 42, 142 et 148.

W. WULFF : The energy conservation equation for living tissues. *IEEE Trans. Biomed. Engin.*, 21:403–415, 1974. Cité en pages 10 et 33.

F.J. WYLLIE et A.B. SUTHERLAND : Measurement of surface temperature as an aid to the diagnosis of burn depth. *Burns*, 17(2):4123–128, 1991. Cité en pages 40 et 52.

F. XU, T. LU et K.A. SEFFEN : Biothermomechanics of skin tissue. *Journal of the Mechanics and Physics of Solids*, 56(5):1852–1884, 2008. Cité en pages 122 et 140.

L. YONG-GANG et J. LIU : Measurement of local tissue perfusion through a minimally invasive heating bead. *Heat Mass Transfer*, 44:201–211, 2007. Cité en pages 18, 29 et 138.

J. YVER : Qu'est-ce qu'un écho-doppler veineux? 2006. URL http://granted. ujf-grenoble.fr/public/ficheechodop.pdf. Cité en pages vii et 67.

Propriétés thermomécaniques de la peau et de son environnement direct

Résumé

Le but de cette étude est de proposer un modèle combiné au transfert de chaleur dans les veines et les tissus de la peau humaine. Ce modèle permet de mieux comprendre les comportements thermomécaniques de la peau et de son environnement direct lorsqu'ils sont exposés à de fortes variations thermiques. Le travail est basé sur des études expérimentales et numériques. La première étape expérimentale consiste à placer une barre d'acier cylindrique refroidie ou réchauffée sur la peau d'un avant-bras humain et de mesurer l'évolution de température en utilisant une caméra infrarouge. L'influence de la circulation sanguine dans les veines sur la diffusion de la chaleur est très nettement mise en évidence.

La deuxième étape expérimentale consiste à mesurer les propriétés géométriques des veines et la vitesse du sang en utilisant une sonde d'écho-Doppler. Ces mesures expérimentales servent à l'élaboration et à la validation d'un modèle numérique de la peau et de son environnement direct. Ce modèle tridimensionnel multicouche utilise l'équation de Pennes pour modéliser les tissus et celle de la chaleur dans un fluide pour modéliser le sang. Les propriétés des matériaux sont tirées de la littérature et validées par notre expérimentation. Le modèle numérique permet de retrouver les mesures expérimentales, mais aussi d'accéder à la température et à la vitesse du sang dans les veines.

Enfin, un modèle numérique d'endommagement thermique, couplé au modèle multicouche de la peau, a été développé dans cette étude. Il permet de simuler l'endommagement suite à une brûlure de la peau et de tester l'efficacité de différents traitements visant à limiter les lésions.

Mots clés : Thermomécanique, Peau, Flux sanguin, Imagerie infrarouge, Écho-Doppler, Brûlure, Perfusion, Éléments Finis, Endommagement.

Thermomechanical properties of the skin and its direct environment

Abstract

The aim of this study is to propose a combined model of heat transfer in the vein and tissue of human skin. It allows to better understand the thermomechanical behavior of the skin and its direct environment when exposed to strong thermal variations. The work is based on experimental and numerical investigations. The first experimental step consists in placing a cooled or a heated cylindrical steel bar on the skin of a human forearm and measuring the temperature change using an infrared camera. Blood circulation in the veins was seen to clearly influence heat diffusion.

The second experimental step consists in measuring geometrical properties of the veins and blood velocity using an echo-Doppler probe. These experimental measurements provide a numerical model of the skin and its direct vicinity. The three-dimensional multilayer model uses Pennes equation to model biological tissue and the convective heat transport equation, to model blood. The properties of the biological materials obtained from the literature are validated by our experimentation. The numerical model is able to simulate the experimental observations, but also to estimate blood temperature and velocity in the veins.

Finally, a numerical model of thermal damage, coupled with the multilayer model of skin, was developed in this study. It simulates the damage due to burning of the skin and to test the efficacy of different treatments to limit the damage.

Keywords : Thermomechanics, Skin, Blood flow, Infrared imagery, Echo-Doppler, Burn, Perfusion, Finite Element, Damage.

LMGC — CC048 Place Eugène Bataillon — 34095 Montpellier cedex 5 — France

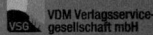

Printed by Books on Demand One